WILDE ALPEN

JOSEF H. REICHHOLF · HEINZ SCHMIDBAUER

WILDE ALPEN

Die einzigartige Welt der Tiere und Pflanzen

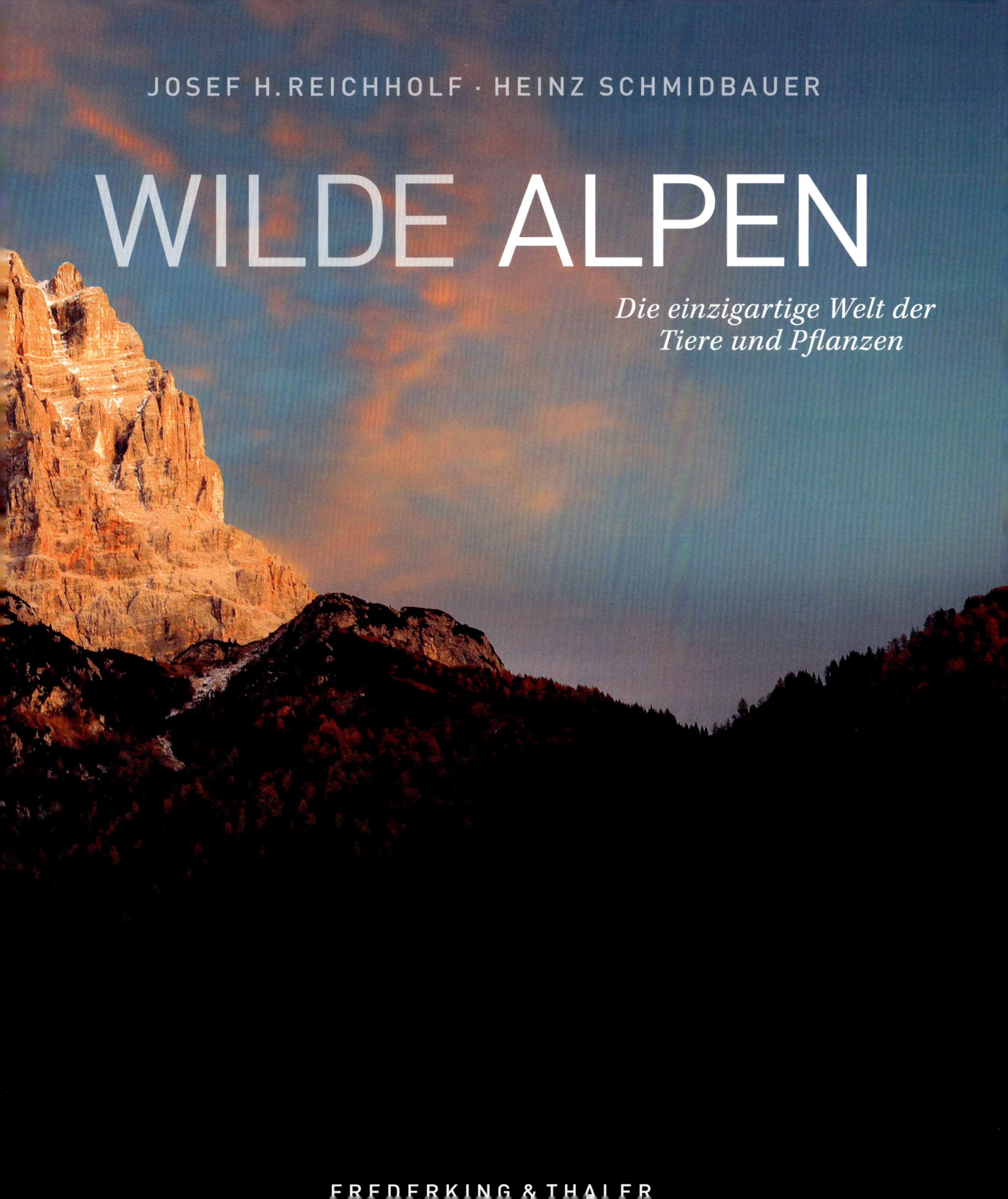

FREDERKING & THALER

INHALT

DIE ALPEN – GEHEIMNISVOLL UND ATTRAKTIV

An die 125 Millionen Menschen, davon rund 50 Millionen Wintersportler, zieht es Jahr für Jahr in die Alpen. Global gehört das Gebirge zu den größten Tourismusregionen, den Meeresküsten vergleichbar. Doch welches Geheimnis steckt hinter seiner Attraktivität? Ist es die Größe der Berge, weil der Mensch winzig wird vor ihrer gewaltigen Kulisse? Im Flachland dominieren oft Bauwerke im Blickfeld. Im Hochgebirge sind solche kaum mehr als ein Beiwerk zur Szenerie. Mitunter stören sie. In der Weite der Steppe mag sich der Mensch selbst als das Zentrum empfinden. Der Horizont schwindet in der Ferne. Die Weite verliert an Greifbarkeit. Sie wird abstrakt. Die Berge dagegen sind Wirklichkeit, erlebbare und ersteigbare Realität. Wie die Eindrücke angesichts eines Bergkolosses ausfallen, vor dem der Mensch verzwergt, hängt von dessen Herkunft und den vorherigen Erfahrungen ab. Häufig stellt sich das Gefühl ein, vor etwas Erhabenem zu stehen.

Ergriffen haben Berge die Menschen zu allen Zeiten. Die höchsten oder die eindrucksvollsten galten einst als Sitz des Gottes oder der Götter. Zeus residierte auf dem Olymp. Es kam nicht von ungefähr, dass die Blitze, die um die Gipfel zuckten, und der Donner, der zu Tal rollte, ihm zugeschrieben und als Wirken der Götter empfunden worden waren. Nach wie vor sind manche Berge einer Region oder eines ganzen Landes den Menschen heilig, wie der Fuji-san in Japan, der Kailas in Tibet oder der riesige Uluru-Monolith (Ayers Rock) in Zentralaustralien. Doch auch bei uns zeugen die Gipfelkreuze von uralter Ehrfurcht und Vergötterung der Berge. Dem Numinosen, das die Gipfel umgibt, wurden die Kreuze als christliche Symbole aufgesetzt. Personifizierende Namen bekamen sie auch. Manche klingen höchst seltsam für Ohren, die der Region fremd sind, wie »Mönch« und »Jungfrau«, »Mädelegabel« und »Watzmann«. Mit der Benennung vereinnahmte man die Berge. Die geheiligten Gipfel zu besteigen hätte diese in früheren Zeiten geschändet. Das Erstürmen aller Gipfel, auch der höchsten, ist profane »Aneignung«, die in unserer Zeit eine Mode wurde und sich zur Sucht gesteigert hat. Bezwungen wird dabei ja keineswegs der Berg, wie es formal heißt, sondern das Selbst. Die Ersteigung dient als Mittel zum Zweck. Vom weniger anstrengenden Aufstieg zu einer Bergspitze mit schöner Fernsicht hat man doch weit mehr – möchte man meinen. Wer darüber nachsinnt, kommt ins Grübeln. Was geht in Menschen vor, zumal in jungen, die das Leben noch vor sich haben, wenn sie sich in die Steilwände wagen? Viele, allzu viele stürzen zu Tode. Auch das ist ein Aspekt der Attraktivität der Hochgebirgswelt.

Trollblumen sind nahe Verwandte des allbekannten Hahnenfußes. Sie halten ihre Blütenköpfe bei Bewölkung und Regen weitgehend geschlossen. Bei Sonnenschein wirkt ihr leuchtendes Gelb sehr attraktiv für Insekten.

Wild zerklüftetes Terrain drückt nicht nur das Wirken der Abtragungskräfte aus, sondern auch die unterschiedliche Härte und Schichtung des Gesteins.

Noch vor wenigen Jahrhunderten war die Lage ganz anders. Die schwierige Zugänglichkeit der Bergwelt bot Rückzugsräume für einzelne Menschen oder für Bevölkerungsgruppen, die sich Verfolgungen entziehen oder der Knechtschaft der im Vorland Herrschenden nicht unterwerfen wollten. Bergwelt bedeutete Freiheit, Schlupfwinkel aber auch für Wildschützen und Schmuggler. Nur wenige kannten die gefährlichen Pfade zu den Pässen und über sie hinweg ins andere Tal, ins andere Land. Die Berge trennten. Sie isolierten. Die Talkessel stellten für die Menschen in den Gebirgen so etwas wie Inseln dar, in denen sich eigenständige Kulturen entwickeln oder alte erhalten konnten. Trennend wirkte dabei auch das Wetter, insbesondere der Winter mit hohem Schnee, Lawinengefahr und unkenntlich gewordenen Wegen. Dennoch wurden die Hochgebirge frühzeitig von Menschen besiedelt – die Alpen ganz besonders früh sogar. Ihr Name verrät dies, denn er ist abgeleitet von Almen, der alten keltischen, schon vor der Römerzeit gebräuchlichen Bezeichnung für hoch gelegenes Weideland. Die Bergwelt der Alpen muss also von jeher attraktiv für die Bewirtschaftung gewesen sein und nicht nur als Schutz für Verfolgte und Bedrängte.

Einige auch in unserer Zeit geschätzte Charakteristika der Alpen bringen uns auf die Spur. Die drei Stichworte dazu lauten: Sommerfrische, Wintersport und Würzigkeit. Die Sommerfrische drückt direkt aus, was wir empfinden, wenn wir beim Aufstieg ins Gebirge aus der schwülen, drückenden Hitze des

Tieflands kommen. Frische Luft und angenehme Temperaturen sind der Lohn für den Schweiß, den der Gewinn an Höhe abverlangt. Das ist gesund. Noch gesünder ist die UV-Strahlung im Winter, an der es draußen im Flachland so sehr mangelt, dass manche Menschen gut daran tun, ihre tägliche Nahrung mit Zusatz von Vitamin D zu ergänzen. Dank des kräftigen Sonnenlichts über den im Winter tief hängenden Wolken kann es unsere Haut oben am Berg selbst herstellen, aber auch rasch einen Sonnenbrand bekommen, weil die klare Luft die Strahlung ungehindert durchlässt. Bergwärts bedeutet im Winter mehr Sonne und mehr Vitamine.

Sommerfrische und Wintersport in den Alpen haben viel für sich. Das ist uns geläufig. Beide gehören zur Attraktivität der Berge. Aber was meint die Würzigkeit? Sie lässt sich nicht mit wenigen Worten erläutern, wird uns im Buch aber wiederholt begegnen. Milchfirmen werben dafür mit der Bezeichnung Alpenmilch oder Bergkäse. Zwar geht es dabei auch, aber nicht nur, um die von der Gesellschaft subventionierte Almwirtschaft. Ihre Produkte weisen tatsächlich eine besondere Qualität auf, wenn das Vieh die Alpenkräuter verzehrt. Um deren Würzigkeit, um ihre speziellen Inhaltsstoffe geht es. Manche der typischen und weithin bekannten Alpenpflanzen verraten mit ihrem Aroma, was in dem Zusatz »Alpen-« steckt.

Das vorliegende Buch präsentiert mit einer Fülle eindrucksvoller Bilder die Natur der Alpen, ihre Pflanzen, die Tiere und markante Berggestalten. Weshalb dann diese auf den Menschen bezogene Einführung? Wir wissen doch, dass es so ist und warum es uns in die Berge zieht. So sehr, dass wir in den Tälern Gedränge mit Wartezeiten in Kauf nehmen. Die Antwort lautet ganz einfach: weil es sich bei den Tieren und Pflanzen der Alpen ähnlich verhält. In der Natur, in ihrer Vielfalt und ihren Besonderheiten spiegelt sich die Attraktivität der Bergwelt. Die Alpen boten und bieten bedrohten Arten Schutz und Rückzugsgebiete. In den Alpen entstand im Verlauf von oft nur wenigen Jahrtausenden Neues. Auch für die Natur ragen sie buchstäblich heraus aus dem Großraum, den wir Mitteleuropa nennen. Ihre Berge trennen und verbinden. Sie sind eine Welt für sich und weltoffen zugleich. Das Leben in den Alpen ist hart, aber auch gut. Ob Adler, Enzian und Edelweiß oder Alpenmilch und Bergkäse – als Symbole drücken sie aus, was uns die Alpen bedeuten.

Lupinen stammen aus den Gebirgen Nordamerikas. In den Alpen kommen sie verwildert vor. Ihre schmucken Blüten locken Wildbienen und Hummeln an.

FASZINIERENDE GEBIRGSNATUR

AUFWÄRTS WIE ZUM POL

Höhe bedingt Höhenzonen

Nähern wir uns den Alpen von Norden her, lässt sich aus genügend großem Abstand erkennen, dass vom Tal zu den Gipfeln so etwas wie Bänder aufeinanderfolgen. Höhenstufen werden sie genannt, weil sie sich ziemlich deutlich voneinander absetzen, obgleich es sich nicht um Stufen im landläufigen Sinne handelt. Eher um Schichten, die bandartig die einzelnen Bergstöcke umgeben.

Als untersten Bereich können wir das Ackerland betrachten, das vom Flachland und über die Flusstäler den Fuß der Berge erreicht. Erheben sich diese gleich steil genug, schließt sich bergwärts Wald an. Nur in den Bereichen, in denen das Vorland hügelartig ansteigt, ist meist noch eine Grünlandzone ausgebildet: Wiesen, die im Sommerhalbjahr mit Weidevieh bestückt sind. Nicht gleichmäßig begrenzt, sondern eher verzahnt mit vielen Ecken und Buchten löst der Wald bergwärts dennoch das Acker- und Weideland ab.

Waldzonen in den Alpen

Im naturgemäßen Idealfall würde dieser Wald mit Laubwald beginnen, in dem Rotbuchen *(Fagus sylvatica)* und Bergahorn *(Acer pseudoplatanus)* die Bestände kennzeichnen. Häufig fängt aber gleich schon der von Fichten *(Picea abies)* dominierte Nadelwald an. Es handelt sich dabei um gepflanzten Forst, nicht um den urwüchsigen Berg-Fichtenwald, der erheblich weiter oben von Natur aus eine eigene Höhenstufe bilden würde. Seine Obergrenze geht mehr oder weniger abrupt in eine Zone über, die von sogenanntem Krummholz bedeckt wird.

Legföhren, auf Oberdeutsch Latschen *(Pinus mugo)*, stellen den Hauptteil dieses an einen mediterranen Buschwald erinnernden Bewuchses. Er ist so dicht, dass der felsige Untergrund bedeckt bleibt. Nur einzelne Felsblöcke oder -zacken ragen daraus hervor. Sie künden gleichsam an, was folgt, nämlich die Felszone. In den Nord- wie auch wieder

Gischt zerstäubt die Fluten kleinerer Wasserfälle, wie hier bei Partschins in Südtirol. Die Fließkraft des Wassers ist nicht zu unterschätzen. Die gerundeten Felsen im Vordergrund lassen ihre Erosionswirkung erahnen.

Die Kreuzotter ist an ihrem markanten Zickzackmuster leicht zu erkennen. Eine rein schwarze Gebirgsform, im Volksmund Höllenotter genannt, erreicht bergwärts von allen Schlangen die größten Höhen.

in den Südalpen ist diese recht steil ausgebildet, weil der Kalkstein, aus dem sie besteht, rasch und schroff verwittert. Oft sind die Wände so steil, dass sich nicht einmal das Krummholz der Latschen halten kann.

In den zentralen Westalpen und im Bereich der Hohen Tauern verhält es sich anders. Das liegt am Gestein. Dort hat Urgestein, vornehmlich Granit, bei der Auffaltung der Alpen die einstige Kalkdecke durchstoßen. Granit verwittert langsamer und viel rundlicher. Darauf ist in anderem Zusammenhang zurückzukommen (siehe Seite 48 ff.). Wieder im Idealfall folgt auf die Felszone die Schneezone mit auch im Sommer verbleibendem Schnee und Eis. Sie beginnt an Stellen, an denen der Wind den Fels davon nicht frei wehen kann. Die Übergänge von Höhenstufe zu Höhenstufe erfolgen recht rasch und auf gleiche Ausrichtung des Gebirgsstocks bezogen in praktisch gleicher Höhe. Daher erhielten sie allgemein verwendbare Fachbezeichnungen: collin für die Hügelstufe vor den Bergen und an ihrem Fuß, montan am Berg, wo er von Natur aus Wald trägt, alpin von der Waldgrenze aufwärts, mit subalpin in der Zone des Krummholzes beginnend, und schließlich nival, der Zone mit (nicht ganz so) ewigem Schnee und Eis.

Im Süden immer wärmer

Greift man eine Höhenstufe heraus, wie den montanen Bergfichtenwald, so treffen wir diese auf der Alpensüdseite in deutlich größerer Höhe an als auf der Nordseite. Stark vereinfacht dargestellt sieht das aus, als ob die Höhenstufen nordwärts geneigt wären. Und das sind sie auch, denn der Grund für ihr Zustandekommen steckt in der Temperatur: in der durchschnittlichen Lufttemperatur, verbunden mit der Sonneneinstrahlung. Die Niveaus liegen auf der Südseite höher als auf der Nordseite, der Schattenseite. Die Intensität der Sonneneinstrahlung verstärkt die Wirkung. Das kennen wir. Dennoch beeindruckt immer wieder, wie klar und wie spürbar die Temperatur mit zunehmender Höhe abnimmt.

Das hängt damit zusammen, dass unser körpereigenes Innenleben auf ziemlich tropische Verhältnisse eingestellt ist. Unsere Vorzugstemperatur liegt bei 27 Grad Celsius. Dass es manche Menschen eher wärmer, andere deutlich kühler mögen, ändert

Flussregenpfeifer nisten auf den Kiesbänken der Flüsse, die aus den Alpen kommen. Sie sind sehr selten geworden und geschützt. Beide Geschlechter haben die gleiche Gefiederfärbung.

Traumgewässer für Fliegenfischer. In solch klaren Bergflüssen leben Forellen und Äschen sowie spezialisierte Wasserinsekten. Sie alle sind angewiesen auf saubere, schnell fließende Gewässer.

nichts daran, dass wir bei 27 Grad thermoneutral sind. Unser Körper erzeugt da – in Ruhe – gerade so viel Wärme, wie wir im unbekleideten Zustand ohne zu schwitzen nach außen verlieren. Mit Kleidung sinkt die Vorzugstemperatur. Bei starker körperlicher Beanspruchung geht sie noch weiter zurück. Liegt die Umgebungstemperatur höher als unser Thermoneutralwert, müssen wir schwitzen, um uns nicht zu überhitzen. Das können wir sehr gut; mindestens so gut wie eine technisch ausgereifte Wasserkühlung im Automotor, sofern es draußen nicht zu heiß ist. In Hitzewüsten kann die Motorkühlung versagen. Unser Schwitzen auch, weil wir sehr schnell sehr viel Wasser verlieren.

Wasser und Wärmehaushalt spielen bei den Tieren und Pflanzen im Gebirge eine noch bedeutendere Rolle als bei uns Menschen. Sie können sich nicht einfach entkleiden oder wärmer anziehen, wenn die Temperatur rasch wechselt. Die Höhenstufen signalisieren uns dies beim Aufstieg mit der Temperaturabnahme. Trotz zunehmender Anstrengung bleiben wir meistens erfrischt genug, weil wir die überschüssige Wärme bei abnehmender Umgebungstemperatur gut abgeben können. Dass sich auf diese Weise direkt fühlbar die »Sommerfrische« erklärt, stellt die eine Seite des Phänomens dar. Die andere hängt mit der Geografie zusammen.

Wenn wir am Berg aufsteigen, entspricht dies einer Reise polwärts, auf unserer Seite der Erdkugel in Richtung Nordpol. Hundert Meter Höhengewinn

kommen vielen Kilometern nordwärts übers Land gleich. Von den Nordalpen aus betrachtet bedeuten 200 Meter Höhe eine Abnahme der Durchschnittstemperatur um ein Grad Celsius (zwischen 0,4 und 0,7 Grad pro 100 Meter). Sie entsprechen einer Bewegung polwärts um Hunderte Kilometer.

Arkto-alpine Arten

Wir können uns vorstellen, die schnee- und eisbedeckten Gipfel der Nordalpen bis zum Nordrand von Europa hinaufzuprojizieren. Die mit Krüppelholz oder niedrigen Birken bewachsene Tundra entspricht der Bergzone an der Waldgrenze, die nordischen Nadelwälder gleichen den Bergfichtenwäldern, und die baltischen Buchenwälder entsprechen der Laubwaldzone am Fuß der Berge. Dass dies kein rein formal passender Vergleich ist, beweisen zahlreiche Arten von Pflanzen und Tieren, die tatsächlich

Die Baumgrenze ist die Höhenlage, in der vereinzelt stehende Bäume ums Überleben kämpfen. Je nach lokalem Hochgebirgsklima verläuft sie in unterschiedlichen Höhen.

sowohl in den Alpen in der entsprechenden Höhenzone, als auch im Norden Europas bis zum Rand des Polareises vorkommen. Zwei Beispiele seien hier vorab stellvertretend für andere, weniger bekannte Arten genannt: der Schneehase *(Lepus timidus)* und die Weiße Silberwurz *(Dryas octopetala)*. Sie sind, so der Fachausdruck, arkto-alpin verbreitet.

Die Höhenstufen entsprechen also in etwa den großen Vegetationsgürteln der Erde. Bei uns folgt auf die Laubwaldzone, in der ganz Deutschland liegt, der boreale (= nordische) Nadelwald, die Taiga, mit dem randlichen Birken- und Krummholzwald, der ähnlich wie im Hochgebirge in die Mattenregion ziemlich abrupt in die Tundra übergeht. Anschließend folgt die Zone von Dauerschnee und Eis.

Diese Naturgegebenheit macht Hochgebirge, wie die Alpen, so spannend, auch weil wir die riesigen Distanzen über geografische Breitengrade bergwärts auf kurzem Weg erleben. Das gilt für alle Gebirge, auch solche, die in der Tropenzone liegen. An diesen setzt an ihrem Fuß tropischer Regenwald an, wie an der Ostseite der Anden in Amazonien. Dennoch lassen sich die Höhenstufen und die geografische Breitenlage nicht in jeder Hinsicht gleichsetzen. Es gibt immense Unterschiede, die für das Leben der Tiere und Pflanzen in den Alpen höchst bedeutsam sind. Gleiches gilt für die Menschen in den Bergen oder für jene im hohen Norden.

Bis zum Ende der letzten Eiszeit waren die gegenwärtigen Regionen der Tundra und des borealen Nadelwalds klimatisch mit dem Alpenraum verbunden. Die nacheiszeitliche Erwärmung des Klimas trennte sie. Der eine Teil verschob sich langsam nordwärts, der andere bergwärts in die aktuellen Positionen. Doch da im hohen Norden andere klimatische Verhältnisse herrschen, wurden die Unterschiede in der Tier- und Pflanzenwelt doch beträchtlich. Tageslänge und vor allem die Stärke der Sonneneinstrahlung bilden die Hauptunterschiede. Sie äußern sich in der Kürze der Wachstumsperiode im Norden mit langen, dunklen, bitterkalten Wintern. Im Hochgebirge der Alpen kann es dagegen recht heiß werden.

Schnee und Starkwind zwingen die zähe Latschenkiefer im Höhenbereich der Baumgrenze zu krüppelhaftem Wuchs und drücken sie gen Boden.

Robuste Pferde wurden im Alpenraum gezüchtet. Ob Haflinger oder Pinzgauer – diese Pferderassen sind trittsicher in steilem Gelände, genügsam im Futter und robust gegenüber der Witterung.

< **Hochgebirgstaugliche** Rinder sicherten den Alpbauern das Leben. Durch die Beweidung bleibt die faszinierende Fülle der Bergblumen auf Hochweiden und Matten erhalten.

> **Es gibt noch** ganz unterschiedliche Rinderrassen in den Alpen. Sie liefern zwar weniger, dafür aber eine besonders gehaltvolle Milch, aus der berühmte Sorten von Bergkäse hergestellt werden.

>> **Der schräge Lichteinfall** im Herbst sowie die Verfärbung der Blätter und der Nadeln der Lärchen begeistern den Bergwanderer mit ihrer Pracht. Zu dieser Jahreszeit ist das Licht mild geworden.

Eine gute Tarnung auf Schnee verleiht das weiße Winterfell den im Sommer braun gefärbten Schneehasen zwar durchaus. Doch noch bedeutender ist der Wärmeschutz, den die Tiere dank der besonderen Struktur der weißen Haare gewinnen.

Auerhahn meint »Ur-Hahn«, wie auch Auerochs die alte Bezeichnung für die ausgerottete Stammform des Hausrinds ist. Auerhähne sind besonders in der Balz sehr eindrucksvoll, aber schwer zu sehen.

Die Kräfte der (Ver-)Witterung schufen vor allem in den stark besonnten, dem Anbranden des randmediterranen Klimas ausgesetzten Südlichen Kalkalpen höchst eindrucksvolle Berggestalten. Die Drei Zinnen in den Sextener Dolomiten in Südtirol gehören zu den bekanntesten im ganzen Alpenraum. Die mittlere Zinne bildet die größte Erhebung des markanten Gebirgsstocks und erreicht eine Höhe von 2999 Meter.

Bergketten mit solch spitzen Zacken heißen im Spanischen Sierras und im Portugiesischen Serras. Diese Bezeichnungen, die nichts anderes als »Sägen« bedeuten, sind eigentlich viel charakteristischer als der Begriff »Alpen«, weil sie definitiv kein »hoch gelegenes Weideland« mehr darstellen. In diesem Winteraspekt aus den Hohen Tauern lässt sich dank des Schnees das Emporwachsen des Bergwalds gut erkennen. Dieser erreicht hier seine Grenze.

HÖHENLUFT

Temperatur, Luftdruck und Jahreszeiten

Die Temperatur nimmt mit zunehmender Höhe ab. Diese Gesetzmäßigkeit bleibt unverändert, ob wir an warmer Südseite oder an schattig kalter Nordseite beim Aufstieg messen. Die Verschiebung an der Sonnenseite um einige hundert Meter nach oben tut nichts zur Sache. Sie macht nur einen Unterschied im direkten Höhenvergleich mit der Nordseite. Unabhängig von Nord oder Süd sinkt der Luftdruck mit zunehmender Höhe gleichermaßen. Die Luft wird spürbar dünner. Das Atmen fällt uns schwerer, zumal bei zunehmender Anstrengung. Die Vögel, die um die Gipfel kreisen oder über hohe Pässe in die Ferne ziehen, tun sich dank effizienterer Lungen leichter. Der geringere Luftdruck bereitet ihnen offenbar keine Probleme. Den Schmetterlingen und anderen Insekten anscheinend auch nicht, fliegen sie doch an uns vorbei, wenn wir innehalten, um kräftig durchzuschnaufen, als ob für sie andere Naturgesetze gälten. Das ist bei der Atmung in gewisser Weise auch der Fall. Warum sie besser sind als wir, wird bei der Charakterisierung des Insektenlebens im Hochgebirge erläutert (siehe ab Seite 158).

Ungleich bedeutsamer ist ein Unterschied zum hohen Norden, der alle Lebewesen betrifft. Mit zunehmender Höhe wird die Intensität der Sonneneinstrahlung stärker. Je dünner die Luft, desto weniger filtert sie von der Strahlung heraus. Jeder Mensch mit Hochgebirgserfahrung weiß, wie leicht man in 2000 Meter Höhe einen Sonnenbrand bekommt.

Wohl und Wehe der Sonne

Für Tiere wie für Pflanzen bedeutet dies, dass sie Sonnenschutz nötig haben, aber auch die Sonne kurzzeitig dazu nutzen können, sich in der kalten Bergluft aufzuwärmen, um sich auf eine günstige Betriebstemperatur im Körper zu bringen. Pflanzen brauchen einen entsprechenden Schutz vor zu starker Strahlung, profitieren aber auch vom intensiven Licht zum Wachsen und Gedeihen.

Ganz anders ist die Lage im hohen Norden und vor allem in der Tundra, die am stärksten den Hochlagen entspricht. Dort wird es nie richtig sonnenheiß. Schutz vor Ultraviolettstrahlung, die Sonnenbrand erzeugt, ist unnötig. Oft bleibt es auch bei Sonnenschein zu kalt für die normalerweise in den Pflanzen ablaufenden Vorgänge, für die Fotosynthese insbesondere. Dennoch gibt es einen Vorteil, den die Umwelt in den Alpen und in anderen Hochgebirgen mittlerer und niederer geografischer Breiten nicht bietet: die Tageslänge. Während in den Tropen Tag und Nacht mit jeweils rund zwölf Stunden gleich lang sind, nimmt im Sommer die Tageslänge in Richtung Pol zu und im Winter entsprechend ab.

Die breite Brust des Steinbocks lässt auf kräftige Lungen schließen, nicht nur auf starke Muskeln. Über seine großen Hörner gibt der Kletterkünstler Wärme ab, wenn es ihm bei starker Anstrengung innerlich zu heiß wird.

Am Polarkreis und jenseits davon gibt es einen Tag oder mehrere, an denen die Sonne zur Mittsommerzeit gar nicht mehr untergeht. Doch was im Sommer an Lichtstunden gewonnen wird, geht im Winter über längere Dunkelheit wieder verloren. Da sich im Sommer die Tiere fortpflanzen und die Blumen blühen und Samen bilden, ergibt sich in der polnahen Region ein Zeitgewinn. Im Winter ruhen die Pflanzen. Tiere, die das können, ziehen fort in den Süden zum Überwintern.

In den Alpen sind die Unterschiede der Tageslänge im Sommer viel geringer. Die hohe Einstrahlungsintensität kann dennoch mehr Wachstum bewirken als der lange Polarsommer. Viel schwerer tun sich die Tiere im Winter, wenn sie nicht, wie die Zugvögel, fortfliegen können. Denn zu den kurzen Tagen kommt ein erhöhter Energiebedarf hinzu, verursacht von langen Nächten und Kälte. Dazu bietet die Tierwelt der Alpen eindrucksvolle Vergleichsbeispiele. Sie werden verdeutlichen, warum es viel problematischer ist, wenn im Winter Tiere durch Tourenskifahrer oder Wanderer gestört werden als im Sommer (siehe Seite 198 f.).

Wind und Wetter in den Bergen

Im Hochgebirge haben die Jahreszeiten für die lebendige Natur eine größere Bedeutung als im Tiefland. Für zahlreiche Tiere und manche Pflanzen entscheidet sich im Winter ihr Wohl und Wehe. Aber nicht nur. Denn auch der Sommer kann große Schwierigkeiten bringen, weil das Wetter in der Höhe viel schneller und weit stärker wechselt als im Tiefland. Die Tiere, die wir auf der Alm antreffen, sind oft innerhalb eines Tages Wetteränderungen ausgesetzt,

die mit strahlendem Sonnenschein und lauen Lüftchen dem Sommer entsprechen, plötzlich aber mit Sturm umschlagen auf Hagelschauer und Schneefall, als ob es Winter geworden wäre. Die Temperatur kann auf der Oberfläche der alpinen Matten in wenigen Stunden um 30, ja 50 Grad Celsius schwanken und der Wind von Flaute auf Sturm zulegen. Im Verlauf einer Woche beschert das Wetter oft einen Wechsel vom Sommer zum Winter. Wer Bergtouren macht und diese nicht spontan durchführt, weil stabiles Schönwetter vorhergesagt ist, weiß um die gefährliche Wechselhaftigkeit des Bergwetters. Und auch darum, wie rasch man auskühlt, wenn der Wind in größerer Höhe Orkanstärke erreicht.

Für die Windstärke gilt, dass sie im Gebirge mit zunehmender Höhe zunimmt. So sehr, dass die Baumgrenze, der obere Rand des Bergwalds, zur sichtbaren Kampfzone der letzten Bäume gegen den Wind wird. Dieser drückt die Kronen in seiner Hauptrichtung wie Wetterfahnen. Weniger stabile Baumarten zwingt er so sehr zu Boden, dass sie zwergwüchsig werden und auf diesem zu kriechen scheinen. Zudem trocknet der Wind sehr stark aus. Obwohl im Hochgebirge größere Mengen an Regen fallen als im Vorland, nimmt die Luftfeuchte ab. Das liegt hauptsächlich am Wind. Viele Pflanzen müssen dagegen entweder einen besonderen Verdunstungsschutz entwickeln, wie das Edelweiß mit

dem filzigen Belag seiner Blüten, oder so wachsen, dass der Wind kaum auf sie einwirken kann, wie die Polsterpflanzen. Wenn uns der Wind um die Ohren pfeift und die Haut im Gesicht austrocknet, verspüren wir ganz unmittelbar, wogegen die kleinen Pflanzen im Hochgebirge zu kämpfen haben.

Heißer Wind – der Föhn

Sondereffekte kommen dazu. Allen voran ist der Föhn für die Alpennordseite von Bedeutung. Als warmer Fallwind entsteht er, wenn ein Tiefdruckgebiet mit Regen gegen die Alpensüdseite drückt. Die Luft, die über die Pässe nordwärts gezogen wird, verliert an Feuchte und erwärmt sich beim Absinken in die Föhntäler so stark, dass sie durch diese wie ein Heißluftgebläse fegt und weit ins Vorland vordringt, gelegentlich bis über München hinaus. Dabei werden Temperaturen erreicht, die 10 bis 15 Grad über denen der Luft im nördlichen Alpenvorland liegen können. Die Bewölkung reißt auf. Die Sonne strahlt. Das Normalwetter kehrt sich für Stunden oder wenige Tage geradezu um mit herrlichster Föhnwärme an der Alpennordseite, während die Südseite kalt-regnerisches Schlechtwetter hat. Eine starke Föhnlage lässt den Schnee ungemein rasch schmelzen und kann zu einem Winterhochwasser führen.

In den Bergen sieht man vielerlei Wolken. Künden sie von Schönwetter, wie links über dem Sellastock, so sind sie des Wanderers liebste Begleiter. Der Föhn mit seinen typischen Wolken (oben) dagegen ist ein plötzlich einsetzendes Wetterphänomen der Alpennordseite. Als warmer Fallwind kann er Sturmstärke erreichen.

Wo große Kräfte walten

Der Regelhaftigkeit der Abnahme von Temperatur und Luftdruck mit zunehmender Höhe steht also eine extreme Wechselhaftigkeit im Wettergeschehen gegenüber. Die Häufigkeit von Naturkatastrophen kommt dazu. Große Schneehöhen und Windverfrachtung von Schnee wie auch plötzliches Tauwetter können Lawinen abgehen lassen, die sogar Bäume und bisweilen Felsen mit in die Tiefe reißen. Der Wechsel von Einstrahlungshitze und Regenfluten macht Wände und Hänge instabil. Es kommt zu Murenabgängen und Felsstürzen, beim Zusammentreffen von Schneeschmelze und anhaltenden Regenfällen zu Hochwasser. Rinnsale werden zu Sturzbächen. Die hohe Reliefenergie im steilen Gelände, die alles Bewegliche in die Tiefe zieht, erzeugt ungeheuere Wucht, wenn die Schnee- oder Wassermassen zu Tal stürzen. Der sprichwörtlich feste Boden ist im Hochgebirge alles andere als fest.

Die Gesamtheit aller Vorgänge, die Abtragung bewirken, also Erosion verursachen, arbeitet unablässig an der Bergnatur und ebnet sie im Lauf äonenlanger Zeitspannen ein. Dass die Alpen nicht längst zu unbedeutenden Hügeln geworden sind, liegt an den Gegenkräften in der Tiefe, die sie in die Höhe treiben. Verursacher ist die Afrikanische Kontinentalplatte, die gegen Europa drückt – seit Jahrmillionen. So merkwürdig es auch klingen mag, die mächtigen Berge, die uns so beeindrucken, sind langfristig weniger stabil als die großen Ebenen. Dass die Alpen und andere Hochgebirge so zerfurcht und zerrissen wirken, liegt an den Bächen und Flüssen, die am härtesten Fels arbeiten, aber noch mehr am Eis der Eiszeitgletscher, das sich unmerklich langsam, aber höchst wirksam durch die Täler schob und vielen die heutige Form gab.

Schnee und schrumpfende Gletscher

Das Gletschereis entsteht aus Schnee. Nicht direkt, sondern mit Verzögerung über den sogenannten Firn, den verharschten, sich verfestigenden Schnee. Dass es dazu kommt, setzt voraus, dass im Sommer weniger schmilzt als im Winter gefallen ist. An der Schneebilanz liegt es, ob sich Eis bildet und zum Gletscher anwächst. Nun gilt zwar ganz allgemein, dass die Menge der Niederschläge mit der Höhe über dem Meer zunimmt, weil Berge die Wolken

Mankei, Männchen, heißen regional die Murmeltiere der hochgelegenen Matten. Den Winter verschlafen diese Nagetiere in frostgeschützten Bauen unter der Erde. Ihre nächsten Verwandten leben in den Steppen Eurasiens.

Die Schneemaus ist die größte unter den kleinen (echten) Mäusen und lebt im Winter weitestgehend unterirdisch. Die Nagetiere legen sich Vorräte von Krokuszwiebeln für den Winter an.

stauen, sodass es zu Steigungsregen oder -schneefall kommt. Bei den Alpen fallen aber gleich zwei Besonderheiten zusammen. Erstens liegen sie wie eine riesige Schranke vor dem zentralen Mittelmeerraum und scheiden so den Süden vom Norden. Und da die Hauptmasse der Niederschläge aus West bis Südwest bei uns eintrifft, gibt es in den westlichen Zentralalpen und am nordwestlichen Alpenrand die höchsten Niederschlagsmengen.

In den Ostalpen fällt dagegen beträchtlich weniger Regen und vor allem weniger Schnee, weil Tiefdruckgebiete von der Adria her vornehmlich in den Sommermonaten Regen bringen. Am trockensten ist es in alpinen Hochtälern, die allseits von hohen Bergen umschlossen sind – und am kältesten, weil sich darin Kaltluftseen bilden. Diese Verhältnisse wirken sich auf die Pflanzen- und Tierwelt sehr stark aus. Einerseits schützt der Schnee vor der Kälte, die in den Hochlagen geradezu arktisch werden kann. Denn eine Schneedecke von einem Meter Höhe lässt den Frost nicht mehr bis zum Boden vordringen, sodass es dort mit Temperaturen um den Gefrierpunkt geradezu »angenehm warm« sein kann, verglichen mit der eisigen, beißenden Kälte darüber. Andererseits erschwert hoher Schnee den Tieren die Zugänglichkeit zum Boden, wo sie Nahrung finden würden. Die Kleinen, die wie die Schneemäuse unter dem Schnee gut leben können, schützt er. Die großen, wie Hirsche, Gämsen oder Steinböcke, verhungern dagegen bei anhaltend hohem Schnee, wenn sie nicht in Bereiche mit zugänglichem Boden gelangen. Sie müssen höher hinauf, wo der Wind Fels und Matten schneefrei fegt, weiter talwärts in den Bergwald oder noch tiefer zu den Flussauen in den Tälern wandern. Die Gämsen gehen in den Wald, wo dieser an steilen Lagen geringere Schneehöhen abbekommt. Die Hirsche wanderten in die Täler und ins Vorland hinaus, als sie dies noch durften. Seit Jahrzehnten hindert man sie daran und versorgt sie in Wintergattern. Darauf ist zurückzukommen, wenn es bei den Hirschen um das Problem geht, dass sie mit dem Verbeißen junger Bäume die Naturverjüngung des Bergwalds beeinträchtigen und dessen Schutzfunktion für die Täler mindern können (siehe Seite 66 ff.).

Schnee in den Alpen pflegt man inzwischen vornehmlich aus der Sicht des Wintersports zu betrachten. Ob viel oder wenig fällt und in welcher Phase des Winters es schneit, wirkt sich ganz allgemein auf die Bergnatur aus. Die Schneemengen sind Teil des Wassers, das aus den Bergen kommt, die Flüsse speist und Grundwasservorräte nachfüllt. Weit mehr noch als Wasser aus den Gletschern beeinflussen die als Schnee fallenden Niederschläge den Wasserhaushalt der Alpen. Sie lassen Gletscher wachsen, wie dies in der Kleinen Eiszeit zwischen dem 14. und dem 19. Jahrhundert geschehen ist, oder schrumpfen, wie im warmen Hochmittelalter im halben Jahrtausend davor und wieder in unserer Zeit.

Rehe wirken viel zu zart gebaut für das Leben unter den harten Witterungsbedingungen im Gebirge. Tatsächlich überleben nur die Kitze, die bis zum Winterbeginn ein Körpergewicht von wenigstens 15 Kilogramm zugelegt haben. In den nordasiatischen Gebirgen erreichen die Rehe die größten Gewichte und prägen die stärksten Geweihe aus.

Die Silberdistel wird auch Wetterdistel genannt, weil sich die silbrig-harten Randblätter der Blüten bei feuchtem Wetter einrollen und somit einen bevorstehenden Wetterwechsel anzeigen.

Der Schneepilz ist eigentlich gar kein richtiger Pilz. Dieses eindrucksvolle Gebilde kommt zustande, wenn Pilzfäden unter der Rinde bei leichtem Frost und hoher Luftfeuchte Haareis wachsen lassen.

Die Artenvielfalt der Blumen auf den Hochgebirgsweiden – hier im Umfeld des Sellastocks in Südtirol – ist im Wesentlichen eine Folge der sommerlichen Beweidung durch Rinder und andere Weidegänger. Die Farbenpracht drückt aber auch die Stärke des Lichts in den Höhenlagen aus.

Gämskitze tollen bei schönem Wetter über die mit Trollblumen bestandene Wiese – wie viele Jungtiere durchdrungen von überschäumender Lebenslust. Mit Bocksprüngen auf sicherem Grund lernen sie die für das Leben am Fels nötige Trittsicherheit. Schon bald folgen sie den Älteren in die steileren Hänge und damit in unwegsames Gelände.

Stets etwas Schleierhaftes haben Wasserfälle an sich. Doch sie sind nicht nur schön in unserem Sinne, die wir Natur auf unseren Bergwanderungen genießen. An den vom Wasser überrieselten Felsen leben Pflanzen und hochgradig spezialisierte Kleintiere, deren Gemeinschaft sogar einen eigenen wissenschaftlichen Namen bekommen hat: Fauna hygropetrica, die »Tierwelt überrieselter Felsen«.

Die Vielfalt der Pilze in den Bergwäldern der Alpen ist groß. Zahlreiche Arten gehen eine enge Partnerschaft mit Pflanzen ein, manchmal sogar mit nur ganz speziellen. Dabei werden Standorte über 2000 Meter Höhe besiedelt.

Links: Stinkmorchel, im Volksmund auch Hexenei genannt, Goldgelber Zitterling und Fliegenpilz; Mitte: Violetter Schleierling; rechts: Buchen-Schleimrübling, Scharlachroter Kelchbecherling und Erdstern.

Füchse in der Stadt zu sehen ist viel leichter als ausgerechnet dort, wo sie natürlicherweise »frei« leben können und nicht auf Autos achten müssen. Aber in den Bergen sind Jäger und Adler hinter den Füchsen her, daher verhalten sich die Rotpelze normalerweise heimlich und diskret. Nur während der Ranzzeit zwischen Dezember und Februar vergessen sie ihre lebensnotwendige Vorsicht und hetzen sich schon mal den winterlichen Hang hinab.

Luchse leben einzelgängerisch in viele Quadratkilometer großen Streifgebieten und gehen einander möglichst aus dem Weg. Zu Beginn der Fortpflanzungszeit ändert sich dies – natürlich, weil notwendig. Im Alpenraum tun sich die Luchse immer noch schwer, in die Regionen ihrer früheren Vorkommen zurückzukehren. Jäger und Schafzüchter wehren sich hartnäckig gegen die erneute Besiedlung, wie in alten Zeiten.

EIS – STÄRKER ALS STEIN

Von Eis und Wasser geformt

Gletscherschmelze, Lawinen, Hochwasser, Murenabgänge und Felsstürze – die Bergriesen halten dem Zahn der Zeit nicht stand. Für die vielen kleinen und die immer wieder ganz unvermittelt auftretenden großen Veränderungen bedarf es keiner Erdstöße oder Vulkanausbrüche. Solche haben die Alpen am wenigsten mitgeformt. Die Hauptkraft geht vom Wasser aus.

Am Bergbach empfinden wir vielleicht am deutlichsten, was er zu bewirken vermag, wenn er sich durch Schluchten schneidet, die mitunter so eng sind, dass kaum ein Mensch hindurchkommt. Sein Rauschen raunt uns bei besten Wanderbedingungen zu, dass er auf Dauer den Fels bezwingt. In Tropfstein- oder in Eishöhlen blicken wir auf die ansonsten ganz unbemerkt im Untergrund wirkende Kraft des Wassers. Zwar benutzen wir manchmal das Sprichwort vom steten Tropfen, der den Stein höhlt, aber das geschieht so langsam, dass es sich konkreter Vorstellung entzieht.

Nichts bekommen wir von der Sprengkraft des Wassers mit, bis sich plötzlich ein Fels löst und abstürzt. Weggesprengt hat ihn das in feinste Risse und Spalten eingedrungene Wasser, als es gefror. Dem Eisdruck ist manch harter Fels nicht gewachsen. Spaltenfrost gehört zu den Hauptkräften der Erosion. Doch wie die direkte Wirkung des fließenden oder tropfenden Wassers gehört er gleichsam in die Kategorie der kosmetisch wirkenden Kräfte.

Die Eiszeit– noch heute zu erkennen

Viel mächtigere Kräfte waren vor 20 000 Jahren am Werk, als in den Alpen Eiszeit herrschte. Die vorerst letzte einer ganzen Reihe von Eiszeiten, um es genauer auszudrücken. Für den Alpenraum trägt sie die Bezeichnung Würm-Eiszeit. Sie war die jüngste der vier großen Eiszeiten. Auf die älteste, die Günz-Eiszeit, folgten Mindel- und Riss-Eiszeit. Sie alle dauerten Zehntausende von Jahren, und wie die letzte große, die Würm-Eiszeit, die vor etwa 115 000 Jahren begann und vor etwa 12 000 Jahren endete, waren sie wiederholt von kurzen Warmzeiten unterbrochen.

Für unsere Gegenwart entschied letztlich die Würm-Eiszeit, wie die Alpen jetzt aussehen und welche Tiere und Pflanzen darin vorkommen. In ihrer kältesten Phase erfüllten Eismassen die Täler mit Hunderten Meter Mächtigkeit und vielen Kilometern Länge. Die auf sie niedergehenden Schneemassen verfestigten sich zu Firn und Eis. Das zunehmende Gewicht des Eises setzte die Gletscher in Bewegung. Sie wuchsen nicht nur. Sie flossen. Wie ein extrem zähflüssiger Brei wälzten sie sich durch die Täler,

An der Gletscherfront bricht das Gletschereis auf, bröckelt ab, und unter dem Gletscher strömt Wasser heraus. Das ist normal und würde bei Nachschub von oben einen stabilen Zustand bringen. Doch Gletscher wachsen und schrumpfen seit jeher. Sie sind nicht stabil.

»Steter Tropfen höhlt den Stein.« Wir wissen es, wollen es aber kaum wahrhaben. In der Partnachklamm in Bayern wird augenfällig, welche Macht die »Dauer« hat, das stete Wirken des Wassers auf das Gestein.

schoben diese aus, gaben ihnen die bezeichnende U-Form und zweigten überfließend an heutigen Pässen in andere Richtungen ab. So speiste der riesige Inngletscher mit einem Überlauf auch den viel kleineren Isargletscher. Daher findet man im Isarkies Steine, die es im Einzugsgebiet der Isar gar nicht gibt.

Aus den Eismassen ragten nur die höchsten Alpengipfel. In den Westalpen war die Vergletscherung am stärksten. Nach Osten hin dünnte das Eis aus und existierte schließlich in den Ostalpen gar nicht mehr. Als die Gletscher bei starker Erwärmung des Klimas vor etwa 12 000 Jahren schmolzen, fegten ihre Fluten die Täler leer und lagerten riesige Mengen Schutt im Vorland ab. Alpines Gelände reicht daher die Flusstäler entlang weit hinaus, im Nordalpenbereich sogar bis zur Donau.

Die Täler der Alpenflüsse sind Ausläufer der Alpennatur. Das ist nicht nur im übertragenen Sinne gemeint, weil Gesteinsmaterial aus den Bergen dort abgelagert ist. Tatsächlich kommen recht viele alpine Pflanzen und Tiere auf diesem Schwemmland vor. Sie kamen vor, muss präzisiert werden, denn die Bewirtschaftung der Flusstäler hat den allergrößten Teil davon vernichtet. Die heutigen Restvorkommen sagen uns aber, dass zum Beispiel die großen Stängellosen Enziane, die Clusius-Enziane *(Gentiana clusii)*, und manch andere alpine Pflanzen, die nicht so bekannt sind, durchaus im Tiefland leben könnten. Im Hochgebirge zu wachsen kann Vermeidung von Konkurrenz bedeuten, die andere Arten im weniger rauen Vorland übermächtig entfalten. Doch davon später mehr. Hier ist hervorzuheben, dass die Gletscher der Eiszeit zwar das alpine Gelände so stark geformt hatten, dass es im Wesentlichen den gegenwärtigen Zustand angenommen hat. Aber sie hatten auch fast die gesamte lebendige Natur in den Alpen vernichtet. Pflanzen und Tiere mussten nacheiszeitlich zurückkehren.

Stein ist nicht gleich Stein

Am Bergwald ist kaum etwas davon zu sehen, wenn sich das Untergrundgestein ändert. Viel deutlicher wird an den Blumen sichtbar, ob das Bergmassiv aus Kalkstein oder aus Granit und anderem Urgestein besteht. Das liegt daran, dass sich der Wald im Lauf der Zeit weit ausgeprägter einen eigenen Boden schafft als kleine Pflanzen auf dünnem Rasen. Doch eigentlich haben wir den entscheidenden Unterschied längst vor Augen – wie die Berge aussehen und was sie unseren Beinmuskeln abverlangen. Die Kalkalpen sind schroff und steil. Markante Berggestalten wechseln einander ab. Der Aufstieg geht in die Beine. Die Gebirge aus Urgestein sind ihnen gegenüber durch weichere Formen und im Allgemeinen weniger spitze Gipfel geprägt. Kalkgestein verwittert leicht. Vor allem das Wasser arbeitet daran, auch im Berginnern unter Umständen mit der Bildung von Höhlen und gangartigen Hohlräumen. Diese »Unterwelt« kommt so verbreitet vor, dass sich besondere Höhlentiere darauf eingestellt haben. Das einsickernde Wasser trägt ihnen die benötigten Nahrungsstoffe zu. In ihrer lichtarmen bis völlig lichtlosen (Unter-)Welt entwickeln sie keine oder keine richtig funktionstüchtigen Augen. Sie sind auf den Tastsinn angewiesen, um das aufzuspüren, was sie zum Leben brauchen. Sind die Höhlen offen genug und liegen sie in nicht zu kalten Höhen, werden sie von Fledermäusen als Stätten für die Tagesrast, für die Unterbringung der Jungen als sogenannte Wochenstuben oder auch zum Überwintern genutzt.

Pretiosen im Fels

Granit und anderes Urgestein ist im Gegensatz zum Kalkgebirge höhlenarm oder nahezu höhlenfrei. Mit einer bedeutenden Ausnahme, die allerdings nur für Menschen bedeutungsvoll ist. Es sind dies die Edelsteingänge. Sie entstanden in Rissen, die sich im Gestein gebildet hatten, weil es den auf sie wirkenden Kräften bei der Gebirgsbildung nicht elastisch genug folgen oder ihnen standhalten konnte. Kenner entdecken die fürs ungeschulte Auge verborgenen Edelsteingänge und holen sich die Pretiosen aus dem Fels. »Strahler« heißen die Edelsteinsucher

in der Schweiz. Es sind die Kristalle, die strahlen, die Gesichter aber auch, wenn der Fund besonders schön oder wertvoll ausfällt. In Kristalldrusen von Bergkristallen oder Amethysten zum Beispiel oder gar in Form von Turmalinen und Smaragden. Auch Gold war zu finden – Tauerngold. Ein ganzer Berg heißt in den Hohen Tauern Goldberg.

Der Hinweis auf die Edelsteine und ihre beispielhafte Darstellung in einigen Bildern hat in Bezug auf die Natur der Alpen gute Gründe. Sie drücken nämlich in geradezu idealer Weise aus, was die Hauptunterschiede zwischen den beiden Formen des Gebirgsgrunds, Kalk- und Urgestein, ausmacht. Das Gestein der Kalkgebirge ist ziemlich einförmig aufgebaut – aus Kalkstein eben, auch wenn es davon einige durchaus unterschiedliche Formen gibt, wie den für die Südtiroler Bergwelt kennzeichnenden Dolomit. Bei der Zersetzung von Kalkgestein entsteht basischer Boden. Dieser stellt die Wurzeln der Pflanzen vor andere Herausforderungen als der saure Boden aus der Verwitterung von Granit oder Glimmerschiefer. Diese Gesteine enthalten viel unterschiedlichere Mineralien als der Kalkstein. Edelsteinträchtig sind nur die Urgesteinsberge, wie die Tauern in den Österreichischen Alpen und verschiedene Bergstöcke in der Schweiz, im westlichen Oberitalien und im angrenzenden Teil der französischen Alpen.

Wasser hat auch die Kraft zu spalten. Dies geschieht, wenn es in feine Gesteinsrisse eindringt und gefriert. Spaltenfrost gehört zu den bedeutendsten Teilen der Erosionswirkungen im Hochgebirge.

Fließendes Wasser erzeugt gerundete Steine aller Größen. Im schnellen Gebirgsbach feilt es an großen Felsblöcken, während es draußen im Vorland nur noch Kiesel flach schleift oder Sand transportiert.

Die kleinen Pflanzen, die darauf wachsen, sind dem Dilemma ausgesetzt, dass der Kalkfels zwar viel leichter anzugreifen ist als der granitische, aber weit weniger Mineralstoffe enthält als dieser. Kalk und Urgestein haben jeweils auf einander entgegengesetzte Weise Vor- und Nachteile. Mit der Folge, dass sich über ihnen eine jeweils recht eigenständige Pflanzendecke ausbildet. Wir erkennen sie an Artenpaaren, wie den beiden Arten der Alpenrosen und der Stängellosen Enziane, die jeweils auf Urgestein verschieden sind von ihrem Zwilling auf Kalk. Kalkreichtum und Kalkarmut wirken fort über die Bäche und ihre Tierwelt in die Flüsse und damit weit ins Vorland hinaus. Doch warum dieser Unterschied, noch dazu ein so krasser?

Das geheimnisvolle Tauernfenster

Die Antwort steckt in der Erdgeschichte, und sie schien so unglaublich, dass es lange dauerte, bis sie von der großen Mehrheit der Bevölkerung akzeptiert wurde. Die Alpen entstanden, wie schon angeführt, durch den Zusammenprall der Afrikanischen Kontinentalplatte mit dem großen westlichen Anhängsel Asiens, das wir Europa nennen. (In Südasien geschah ganz Ähnliches mit noch weit größerer Gewalt durch den Anprall Indiens, das den Himalaja emporschob und zum höchsten Gebirge der Erde machte.) Der ganze Bereich des mehr als 1000 Kilometer langen Alpenbogens war in den Jahrmillionen vor seiner Auffaltung das Rand- und Ablagerungsgebiet eines

längst nicht mehr existierenden Ozeans, der Tethys. Die Hunderte Meter mächtigen Kalkschichten dieses flachen Meeresbodens schob der Anprall Afrikas in die Höhe. Dabei zerbrachen die Schichten und erzeugten schroffe Schollen, die durch die einsetzende, Millionen Jahre andauernde Verwitterung noch schroffer wurden. Sie bilden die nördlichen und südlichen Kalkalpen.

Dazwischen, vor allem im Westteil, wo der Druck am größten war, durchbrach emporgehobenes Urgestein die Kalkdecken. Der Mont Blanc, mit 4800 Metern höchster Berg der Alpen, ist ein Granitberg in den westlichen Zentralalpen. Östlich davon wurde auf einem viel kürzeren Stück ebenfalls die Kalkdecke durchstoßen. Der 3800 Meter hohe Großglockner und die kaum niedrigeren Berge seiner unmittelbaren Umgebung zeugen mit ihrem Gestein davon. Dieser Bereich wird daher zutreffend »Tauernfenster« genannt, weil auch hier das Urgestein in Form von Granit und Glimmerschiefer gleichsam durch die Kalkdecke nach außen blickt.

Beweise dafür, dass es sich so abgespielt hat, stecken in der chemischen Zusammensetzung der Gesteine. Doch es gibt auch direkt sichtbare in Form von versteinerten Muscheln und Korallen aus der fernen Zeit, in der die Alpen noch nicht existierten, sondern Meereswogen der Tethys über den Bergen der damals fernen Zukunft rauschten. Immense Bedeutung hatte das aus jener Zeit stammende Salz. Seine Förderung trug einer ganzen Region der Alpen den Namen »Salzkammergut« ein. Städte mit »Hall« sind danach benannt, auch die Salzach als Fluss.

Die Alpen sind nach erdgeschichtlichen Zeitmaßstäben ein junges Gebirge. Die Kräfte, die sie geschaffen haben, wirken immer noch. Das schwere Erdbeben von Friaul im Jahr 1976 zeugt davon, dass Afrika nach wie vor gegen Europa drängt und die Alpen unter Druck hält. Die Alpennatur unterliegt also unterschiedlichen Dimensionen der Zeit. Das erdgeschichtliche Maß mit Jahrmillionen bildet die Grundlage, auf der wir sie einzuordnen haben. Die Eiszeit überlagerte das Geschehen aus der Erdkruste im Zeitmaß Zehntausender von Jahren.

Der Einfluss des Menschen

Seit einigen Jahrtausenden wirkt der Mensch mit seinen Nutzungsformen auf den Zustand ein, den die Gletscher nacheiszeitlich hinterließen. Er schuf die namensgebenden Almen und großenteils auch die Wälder, wie sie jetzt aufgebaut und nach Baumarten zusammengesetzt sind. Gegenwärtig ist es vor allem der Tourismus, der auf die Bergwelt einwirkt. Noch nie waren so viele Menschen in den Alpen unterwegs wie in unserer Zeit. Wie es damit weitergeht, lässt sich weniger gut abschätzen als die Folgen des Klimawandels für die Bergnatur. Die Höhenstufen werden sich aufwärts verlagern. Die unteren Stufen weiten sich aus und erzielen Gewinne, die oberen Verluste. Gletscher schrumpfen und verschwinden. Das wird sich auf den Abfluss von Bergbächen und Flüssen auswirken, wenn deren Anteil an Gletscherwasser hoch ist. Insgesamt aber wird es vom Ausmaß der Niederschläge und ihrer jahreszeitlichen Verteilung abhängen, wie sich die Umwelt für die Pflanzen, die Tiere und auch für die Menschen als Bergbewohner zukünftig entwickelt.

In kürzester Zeit kann die Wassermenge wechseln, die ein Bergbach führt oder die über einen Wasserfall – wie hier im Stubaital – strömt. Besonders häufig kommt dies bei Schneeschmelze und Föhn vor.

<< **Seit rund 200 Jahren** gehen die Alpengletscher zurück, nachdem sie in der sogenannten Kleinen Eiszeit ihre Höchststände erreicht hatten. Das wärmere Klima unserer Zeit hat den Gletscherschwund – hier am Großglockner, dem mit 3798 Metern höchsten Berg Österreichs – stark beschleunigt.

> **Sonderbare Naturbildungen** gibt es im Gebirge! Weiches Gestein verwittert stark. Gibt es eine »Decke« aus widerstandsfähigem, hartem Gestein, können solche Erdpyramiden entstehen, wie diese besonders eindrucksvollen bei Ritten in der Nähe von Bozen, Südtirol.

Mineralien faszinieren. In den Alpen sind die Bergkristalle am weitesten verbreitet, und auch Versteinerungen lassen sich entdecken. Die »edleren« Kristalle und echtes Gold beschränken sich dagegen auf Urgesteinsformationen.

Links: Granat auf Glimmer, Bergkristall und Turmalin auf Glimmer; Mitte: Pyrit, auch Katzengold genannt; rechts: Bergkristall mit Limoniteinschlüssen, versteinerter Farn und kristallisierter Querschliff eines Ammoniten.

Die Sextener Dolomiten in Südtirol bestehen aus dem namensgebenden Dolomit. Dieses Gestein ist eine recht harte Form von Kalkstein. Daher können bei der Verwitterung besonders schroffe Formen entstehen, die nicht immer der Richtung der Auffaltung entsprechen. Diese liegt meist schräger. Angesichts einer solchen Szenerie fällt es nicht leicht, sich vorzustellen, dass dies einst Meeresboden war. Doch versteinerte Meerestiere beweisen, dass vor vielen Jahrmillionen hier ein Meer war, der Rand eines Ozeans namens Tethys.

RÜCKZUGSRAUM GEBIRGE

LETZTE FREIHEIT BERGE

Hirsche, Rehe, Wildschweine

Alle heutigen Tiere und Pflanzen der Alpen mussten nacheiszeitlich aus Rückzugsgebieten zurückkehren. Das bedeutendste Refugium war natürlich der Süden, die italienische Halbinsel mit dem westlichen Balkan. Manche Arten kamen aber auch von weiter her, aus dem Südosten Europas oder vom ferneren Kaukasus. Nach der Eiszeit setzte eine Zuwanderung ein, deren Ausmaß wir uns kaum vorzustellen vermögen und deren Rekonstruktion zu den besonderen Herausforderungen der biogeografischen Forschung gehört. Es ist sogar strittig, ob die Wiederbesiedlung der Alpen schon weitgehend abgeschlossen war, als vor fünf oder sechs Jahrtausenden die Menschen anfingen, die alpine Bergwelt zu besiedeln.

Wie eingangs erwähnt, waren die Alpen offenbar sehr früh attraktiv, zumal für die Weideviehhaltung. Auch darauf ist zurückzukommen, wenn wir betrachtet haben, warum unsere größten wild lebenden Säugetiere am besten in den Alpen und in anderen Hochgebirgen Europas und Westasiens überlebten. Gegenwärtig ist die Tierwelt wieder stärker in Bewegung gekommen. Bär und Wolf breiten sich aus, Steinböcke werden gefördert, Hirsche gehegt. Zehntausend Jahre sind naturgeschichtlich eine kurze Zeit. Reichten sie, um die Tier- und Pflanzenwelt der wieder weitgehend eisfrei gewordenen Alpen in eine natürliche Zusammensetzung zu bringen? Welchen Anteil haben die Menschen am Zustandekommen der heutigen Verhältnisse?

Kräftige Rothirsche wachsen in den Alpenwäldern heran. Der Mineralstoffreichtum der Bergwelt kommt in ihren kapitalen Geweihen zum Ausdruck.

Der König der Berge

Mit solchen Fragen muss sich der Naturschutz auseinandersetzen. Einige sind gut geklärt. So das Vorkommen der Hirsche in den Bergwäldern der Alpen und anderer Hochgebirge. In einer Fülle von Bildern wird »der Hirsch« vor dem Berg seit Jahrhunderten geradezu verherrlicht. Die Masse bilden volkstümliche, mehr oder weniger kitschige Gemälde röhrender Hirsche als Sinnbild des »Königs der Bergwelt«. Die Wildererromantik kristallisiert sich daran, wie auch ihr Gegenstück des edlen Jägers, dem es vergönnt ist, den stolzen Hirsch, das Wild der Fürsten und Könige, zu erlegen. Daraus entsteht der Eindruck, Hirsch und Gebirge gehörten zusammen. Als »Hoch«-Wild hebt sich der Hirsch ab vom Niederwild, gerade so wie die Berge von den Ebenen, den Niederungen.

Die Wirklichkeit ist weit weniger romantisch. Sie wird deutlich, wenn die Hirsche – nicht nur die männlichen, die das Geweih tragen und deswegen namensgebend geworden sind, sondern auch die weiblichen Tiere und ihr Nachwuchs – im Frühwinter in die Gatter gehen, in denen sie gefüttert werden.

Mit großem Aufwand geschieht dies, weil die großen Tiere viel Futter brauchen. Sie erhalten es in Form von Heu, Kastanien, Eicheln und anderem Kraftfutter. Seltsam eigentlich. Denn warum sollten ausgerechnet die größten Wildtiere der Alpen die Versorgung durch den Menschen nötig haben, während Reh und Hase, oder weiter oben, wo der Fels beginnt, Gämsen und Steinböcke, auf sich gestellt bleiben, den Winter mit seinen Unbilden der Witterung und dem Nahrungsmangel zu überstehen? Ist der Hirsch – der Rothirsch, um präzise zu sein, denn im Tiefland gibt es stellenweise auch Damhirsche, deren Vorfahren allerdings aus Vorderasien stammen – womöglich gar kein richtiges Gebirgstier? Die Antwort ist weder ein Ja noch ein Nein, sondern zweigeteilt. Die größten und stärksten Hirsche gibt es tatsächlich in den Hochgebirgen, aber auch sie würden von Natur aus die Bergwelt verlassen, wenn die herbstliche Brunftzeit vorüber ist, und die Flusstäler entlang ins Vorland ziehen. Dort, in den Auen, wäre ihr Winterlebensraum. In diesem fänden sie dürr gewordene, zähe Gräser und Buschwerk, das sie als Nahrung verwerten können. Rothirsche kommen damit nicht nur gut zurecht, sie brauchen sogar rohfaserreiches Futter für ihre Verdauung. Und dies, ihrer Größe entsprechend, in großen Mengen. Müssen sie sich im Bergwald damit selbst versorgen, kommen enorme Schäden am Jungwuchs zustande. Nachgepflanzte Bäumchen, die sichern sollen, dass die Hänge stabil bleiben und nicht als Muren zu Tal stürzen oder Lawinen ungehindert durchsausen lassen, hätten keine Chance bei einem Hirschbestand, der die Winter ganz im Bergwald verbringen muss.

Der Hirsch als Landschaftspfleger

In natürlichen oder einigermaßen naturnah gebliebenen Auen ist das anders. Der Verbiss des üppigen Wuchses schadet den von Natur aus darauf eingestellten Auwäldern nicht. Verbleibt die Streu ungenutzt darin, behindert sie sogar das neue Wachstum und die selbstständige Regeneration des Auwalds. Weil sie, dürr geworden, zu wenig Licht zum Boden durchkommen lässt. Die Frühlingsblumen werden seltener oder verschwinden, denn sie sind auf das Licht angewiesen.

Im Bergwald herrschen andere Verhältnisse. Allein schon die Steigung des Geländes lässt viel mehr Licht zum Boden durch, weil die Bäume keine

Halbstarke im Schaukampf. Hier wird bereits geübt, was in späteren Jahren wichtig wird, wenn die Junghirsche ein Rudel gewinnen wollen.

so ausladenden und sich mit den Nachbarn zusammenschließende Kronen bilden können. Zudem verläuft die Versorgung beider Typen von Wäldern mit mineralischen Nährstoffen recht unterschiedlich. Den Auwald düngen die Fluten des mehr oder weniger regelmäßig eintretenden Hochwassers. Die Mineralien, die für das Wachstum benötigt werden, kommen – kamen, muss man hinzufügen, weil die Begradigung der Flüsse und die Bildung von Stauseen die Hochwasser weitgehend verhindern, die früher in die Auen gelangten – von außen, letztlich aus den Bergen. Im Bergwald werden sie im Wurzelbereich der Bäume von der Verwitterung des Gesteins freigesetzt. Das natürliche Leben der Hirsche würde diesen Verhältnissen folgen: kräftige, würzige Nahrung in Form der Kräuter des Bergwalds im Sommer, wenn die Schneeschmelze den Waldboden freigegeben hat, und üppige, rohfaserreiche im Winter in den Auen, die im (Früh-)Sommer von den Hochwassern aus den Bergen gedüngt worden waren.

Um starke Hirsche scharen sich zur Brunftzeit die Hirschkühe. Das weiß gepunktete Tier links ist noch ein Junges vom letzten Sommer.

Doch dieser saisonale Wechsel des Lebensraums funktioniert längst nicht mehr. Im 19. Jahrhundert wurden mit den Flussregulierungen neue Verhälnisse geschaffen. Ihre Folgen treffen auch die Menschen immer häufiger mit verheerenden Überschwemmungen, weil das Wasser viel zu schnell abgeführt wird. Die eingeengten Fließgewässer können die Fluten nicht mehr halten. Katastrophenhochwasser sind keineswegs nur eine Folge des Klimawandels, sondern zum größeren Teil durch die Eingriffe in das Abflussregime des Gewässernetzes verursacht.

In Bergwäldern lebt in der Regel die dunkle Form der Eichhörnchen. Aber es kann auch »Rote« im selben Wurf geben, wie diese beiden Geschwister beweisen.

Sind durch die Veränderungen in den Flussauen die Möglichkeiten für die Hirsche bereits drastisch vermindert, sich im Winter darin zu ernähren, so kommen zwei weitere Beschränkungen hinzu, die das Rotwild zwingen, im Gebirge zu bleiben. Die eine ist der motorisierte Straßenverkehr. Ein Zusammenstoß mit einem Hirsch zeitigt beträchtlich schlimmere Folgen als mit einem Reh. Zu den Hunderttausenden Verkehrsunfällen mit Rehen will man möglichst keine weiteren, weitaus gefährlicheren mit Hirschen haben. Deshalb bleiben die Rothirschvorkommen im Vor- und Flachland in sogenannten Rotwildgebieten mehr oder weniger komplett abgezäunt. Anders als die viel kleineren Rehe darf das Rotwild nicht wirklich frei leben – außer eben im Gebirge, wie bei uns in den Alpen.

Nun sind aber die allermeisten Fernstraßen ohnehin eingezäunt. Somit könnten die Hirsche, vielleicht sogar diesen entlang, verkehrssichere Korridore für ihre natürliche Wanderung in die Flussauen bekommen. Diese Überlegung ist nicht so unrealistisch, wie sie anmuten mag, zumal wenn im alpinen Randbereich noch Flussauen vorhanden sind, die von den Hirschen im Winter aufgesucht werden könnten. Anderen wandernden Tierarten versucht man geeignete Rast- und Überwinterungsplätze zu erhalten oder solche neu zu schaffen. Warum nicht auch für die Hirsche, diese eindrucksvollen Großtiere unserer Natur? Die Antwort lautet: Am »Können« liegt es nicht, sondern am Wollen. Die Auwaldbesitzer wollen die Hirsche nicht, schon gar nicht, wenn diese in einer

Jahreszeit kommen, in der sie nicht bejagt werden dürfen. Die Besitzer oder Pächter der Hochwildjagden im Gebirge wollen umgekehrt nicht, dass die Hirsche, ihr so hoch geschätztes und begehrtes Hochwild, abwandern. Sie sollen im Revier bleiben und zu gegebener Zeit im günstigsten Zustand geschossen werden können. Hirsche zu erlegen ist ein begehrtes Privileg. Daraus ergibt sich zwangsläufig ein Konflikt zwischen Jagd und Forst, wie einst zwischen den Adeligen, die die »Hohe Jagd« für sich beansprucht hatten, und den Bauern, zumal den Waldbauern, die vom Wildbestand geschädigt wurden.

Quietschfidel, wörtlich zu nehmen, sind die kleinen Wildschweinchen im Streifenkleid. Die Jäger nennen sie Frischlinge. Ihren Müttern folgen sie »aufs Wort«.

Wintergatter für Rothirsche

Der Wild-Wald-Konflikt ist nirgends so ausgeprägt wie im Bergwald, weil es zusätzlich zu den forstlichen Holzerträgen um Sicherung bzw. Gefährdung der Berghänge geht. Konzentriert sich das Problem im (unteren) Bergwald zwar vornehmlich auf die Hirsche, so kommt in höheren Lagen die Gämse als Verursacherin von Schäden am Jungwuchs im Wald hinzu. Sogar Rehe sind von Bedeutung, wo sie häufiger auftreten. Gleichwohl wirken sie nicht so ausgeprägt wie in den Forsten des Tieflands und der niedrigeren Mittelgebirge. Die Wintergatter für die Hirsche haben also vor allem die Funktion, allzu starken Verbiss im Bergwald zu verhindern. Gäbe es sie nicht, würden womöglich die Hirsche wieder weitgehend ausgerottet werden, wie im 19. Jahrhundert, nachdem das Jagdprivileg des Adels weitestgehend

beendet worden war. Damals weidete jedoch auch viel Vieh im Bergwald, nicht nur auf den Almwiesen, wie gegenwärtig, wo die Viehhaltung subventioniert wird, weil viele Menschen als Wanderer im Sommer oder als Wintertouristen die offenen Flächen schätzen. Hirsch und Reh bilden eine Facette im vielfältigen Mosaik von Nutzungen, denen der Bergwald speziell und die Alpennatur allgemein ausgesetzt sind.

Wildschweine – enorm erfolgreich

Die nach den Rothirschen massigsten Wildtiere, die stellenweise bis in die unteren Zonen des Bergwalds vordringen, sind die Wildschweine. Sie werden nicht speziell gehegt, um der Trophäe willen, wie die Hirsche mit ihrem Geweih, und bekommen auch keine Wintergatter. Sie sind selbst fit genug; so fit, dass es der Jagd nicht gelingt, ihre enorme Zunahme einzudämmen. In den Wäldern, auch im Bergwald, öffnen sie mit ihrer Wühltätigkeit neue Stellen, in denen die Samen der Waldbäume keimen können. Die Bäume liefern immer häufiger besonders reichlich Samen oder Früchte, »Mastjahre« genannt. Die Bezeichnung geht zurück auf die Zeiten, in denen die Schweine zur herbstlichen Mast in die Wälder getrieben wurden, wo sie sich von Eicheln und Bucheckern oder auch den vielen Pilzen ernährten. Unsere Zeit fördert mit Überdüngung die Mastjahre und damit die Wildschweine.

Wildschweine und Hirsche gehören zu verschiedenen Gruppen der Huftiere. Ein Unterschied ist, dass Muttersauen fünf Junge und mehr zur Welt bringen können, während Hirschkühe meist nur ein Kalb pro Jahr haben.

Im Kampf der Rothirsche bei der Brunft geht es um »alles oder nichts«. Mit dem Sieger paaren sich alle Hirschkühe des Rudels. Der Verlierer geht leer aus. Die Brunft kostet die Tiere sehr viel Kraft. Selbst die stärksten Hirsche halten nur ein paar Jahre durch. Dann gewinnt ein Jüngerer. Die verzweigten Geweihstangen verhindern, dass sich die Rivalen gegenseitig töten, wenngleich dies gelegentlich durchaus vorkommen kann.

Aufmerksam beobachtet das Rudel der Hirschkühe die Kämpfe der Hirsche. Der Platzhirsch muss überzeugen. Nur so hat er eine Chance, sich mit den Weibchen zu paaren, wenn er als Sieger vom Platz geht. Zusammenhalten könnte er das Rudel nicht, wenn alle Hirschkühe von ihm fort wollten.

Mit tiefem Röhren, das wie durch eine Gießkanne geblasen klingt, verkündet der Platzhirsch seinen Nebenbuhlern, dass er noch präsent und gut in Form ist. Die weithin schallenden Brunftschreie stimulieren auch die Hirschkühe und synchronisieren ihre Zyklen. Dadurch zieht sich die Brunft nicht zu lange hin.

Schön sehen sie vielleicht nicht gerade aus, aber umso erfolgreicher sind sie, die Wildschweine. Gegenwärtig gibt es mehr dieser Tiere als in den vergangenen Jahrhunderten. Die Landwirtschaft liefert ihnen Kraftfutter. Sich häufende Jahre mit reichlich Eicheln und Bucheckern, bedingt durch die starke Düngung der Wälder aus der Luft mit Stickstoffverbindungen, begünstigen zudem die starke Vermehrung der Wildschweine.

RÜCKKEHR DER VERTRIEBENEN

Wolf, Luchs und Bär

Der Hirsch war erwünscht, das Reh geduldet, das Wildschwein scherte sich nicht um jagdliche oder forstwirtschaftliche Ansprüche, sondern nutzte sie einfach, die Bergwälder der Alpensüdseite insbesondere, in denen es Eicheln und so Feines wie Trüffel gibt. Die Berge boten mehr Schutz als das ungleich zugänglichere Flachland mit seinen Forsten oder die im Vergleich zu den schroffen Alpen sanften Berge der Mittelgebirge. Je leichter zugänglich, desto stärker veränderten die Menschen die Natur. Berge, zumal hohe, ließen sich nicht abtragen oder versetzen, und die Moore im Gebirge konnten weniger leicht, wenn überhaupt, trockengelegt und in Agrarland umgewandelt werden. Kurz: Die Natur der Alpen war für Tiere günstig, für große Arten vor allem, um sich vor den Menschen zurückzuziehen.

Wurden die Hirsche im 19. Jahrhundert auch weithin in den Alpen ausgerottet, so verschwanden sie doch nie ganz. Das jagdliche Interesse konnte sich über das landwirtschaftliche durchsetzen. Geschütztes hochherrschaftliches Gebirgsgelände, wie das Gran-Paradiso-Gebiet in den Italienischen Alpen, geriet zur Rettungsinsel für die Steinböcke. Jagdreviere von Großgrundbesitzern erhielten lokal Hirschbestände. Denn auch in Zeiten der Not konnte man dort kein Getreide anbauen. Tieren, die allgemein verfolgt wurden, gelang es, in den Alpen und den Gebirgen Südosteuropas zu überleben. Zu diesen gehören so verfemte wie der Wolf.

Rotkäppchen und der böse Wolf

Nicht einmal mit dem Schlimmsten, das zu seiner Bekämpfung eingesetzt wurde – mit Gift in ausgelegten Ködern –, gelang seine vollständige Ausrottung, wurde der »böse Wolf« auch noch so sehr und von Kindertagen an in Märchen als das Übel der Übel dargestellt. Doch das geistige Rotkäppchen-Virus wirkt in den Köpfen vieler Menschen weiter. Je mehr Hunde gehalten werden und je häufiger es zu Hundebissen, mitunter sogar solchen mit schwersten Verletzungen und Todesfolge, kommt, desto stärker verteufelt wird der Wolf. Gerade so, als ob er es war, der zugebissen und getötet hatte.

Es sind keineswegs die Jäger allein, die mehr oder weniger direkt gegen die Rückkehr der Wölfe hetzen, weil sie in diesen wie in den früheren Zeiten knappen Wildes die effizienter, weil natürlich jagende Konkurrenz fürchten. Die Medien befleißigen sich, mit geeigneter Wortwahl, den Wolf als »böse« und gefährlich darzustellen. Er macht Beute, um seiner Natur nach davon zu leben, wie der Fuchs von der Maus oder die Meise von der Raupe (eines vielleicht schönen oder seltenen Schmetterlings).

An der Wiederkehr der Wölfe scheiden sich die Geister. Almbauern und Jäger wollen sie nicht haben. Naturschützer dagegen halten die Rückkehr für einen der großen Erfolge des Artenschutzes in der EU.

Doch beim Wolf wird geschrieben oder berichtet, dass er dieses oder jenes Tier »gerissen« habe. Jäger, die es töten, ohne davon zu leben, »erlegen« das Wild. Der Wolf müsse »wild« sein, wie das Wild, das wild zu sein hat, weil es den Jägern widerstrebt, zahme Tiere zu erlegen. Der Hund, der ein Reh nach Art seiner wölfischen Abstammung tötet, »wildert«. Wilderer waren von der Gesellschaft ausgestoßen, von deren untersten Schichten aber ob ihres Mutes und ihrer Unabhängigkeit geschätzt. Volkslieder und zahllose Gemälde im alpinen Milieu drücken den Konflikt zwischen Jägern und Wildschützen aus.

In ähnlicher Weise wirkt diese Spaltung bis in unsere Gegenwart fort. Wir haben nicht einmal ein neutrales, vernünftiges Wort für jene größeren Tiere, die vom Beutemachen leben. »Raub-Tiere« werden sie genannt oder auch direkter ohne den Zusatz Tier »Räuber«. Das Bemühen der Wissenschaft, die neutral zu sein versucht und sie in »Prädatoren« umbenannte, fruchtete nicht. Zu tief ist verwurzelt, dass auch viel kleinere Tiere als die Wölfe, wie Fuchs und Marder, »rauben«, was ihnen nicht gehört, weil Menschen deren Beutetiere für sich beanspruchen. Und sei es nur für das Jagdvergnügen als solches. Die Raubtiere brauchten die schwere Zugänglichkeit der Bergwelt, um zu überleben. Bei uns, ist hinzuzufügen, denn in anderen Kulturkreisen bestimmt eine erheblich andere Einstellung zu den Tieren das Verhalten der Menschen. Schon im nahen Mittelitalien, an der Peripherie von Rom, durften Wölfe leben und überleben. Rom führt seinen Gründungsmythos auf eine Wölfin zurück, die die beiden (Waisen-)Knaben Romulus und Remus säugte. Aus dem *Dschungelbuch* ist die andere, die indische Einstellung zu den auch dort vorkommenden Wölfen bekannt. Nordamerikanische Indianerstämme verbanden sich über ihr Totem mit Wölfen. Zerberus hingegen, der Höllenhund der Griechischen Mythologie, ist ein Hund, kein Wolf. Doch solche Überlegungen nutzen offenbar wenig bis nichts, wenn sich jemand urplötzlich und gänzlich unerwartet einem Wolf gegenübersieht. Dann kann man nur hoffen, dass sich der Klügere zurückzieht und die direkte Konfrontation meidet. Und das ist in aller Regel der Wolf. Mancher Biss oder regelrechte Überfall eines großen Hundes hätte sich wahrscheinlich vermeiden lassen, wäre seitens der Menschen ähnlich starr reagiert worden wie bei der Konfrontation mit einem Wolf.

Seltsam, geradezu unverständlich, reagieren manche Menschen auf »den Wolf«, die Stammform der Haushunde. »Rotkäppchen« wirkt fort.

Wölfe sind eindrucksvolle Gestalten, individuell wie (große) Hunde und vielleicht noch lernfähiger als diese. Die Rudel, in denen sie leben, bilden die Paare mit ihrem Nachwuchs in unterschiedlichem Alter.

Das Comeback der Wölfe

Dass es zu solchen Treffen in nächster Zeit wahrscheinlich öfters kommen wird, ergibt sich aus der weiteren Ausbreitung und Zunahme der Häufigkeit der Wölfe in großen Teilen Europas, auch im Alpenraum. Aber Wölfe sind scheu. Die jahrhundertelange Verfolgung hat sie extrem vorsichtig gemacht. So sehr, dass ein mit einem Sender am Halsband versehener Wolf vor einigen Jahren von Slowenien her die österreichischen Alpen gänzlich unbemerkt westwärts durchstreifte, vorbei an intensiv genutzten alpinen Wandergebieten, und schließlich am Alpenrand in Oberitalien in einem Schutzgebiet eine Gefährtin fand. Die Funksignale verrieten seinen Weg. Menschen bekamen ihn offenbar nicht zu Gesicht.

Gegenwärtig ist im gesamten Alpenraum mit dem Vorhandensein von Wölfen zu rechnen. Die einstigen Restvorkommen in den Gebirgen und Schluchten des Balkans, in Italien, den Karpaten und in Nordosteuropa haben sich ausgebreitet, Kontakt zueinander gefunden und dank des Schutzes, den der Wolf EU-weit (noch) genießt, an Häufigkeit zugenommen. Die an Wölfen produktivsten Gebiete sind jedoch die riesigen militärischen Übungsflächen. Wo die Menschen Krieg üben, geht es den Wölfen gut. Wo sie sich wirklich bekriegen, sogar am besten. Könnten Wölfe über die Menschen nachdenken, müssten in ihren Köpfen ziemlich unvorteilhafte Befunde zu uns so klugen Zweibeinern zustande kommen.

Fast schon gemütlich wirkt der Braunbär. Doch auch seine Wiederkehr schafft Probleme, weil er bisweilen das eine oder andere Nutztier tötet.

Warum aber dieses Comeback? Hatte es gereicht, dass im Rahmen der EU der Wolf unter Schutz gestellt wurde? Falls ja, hätte es eine ähnlich starke, vielleicht sogar noch viel stärkere Zunahme bei anderen Großtieren geben müssen, die durch die Verfolgung seitens der Menschen rar geworden waren und weithin verschwanden. Einige Beispiele weisen durchaus in diese Richtung.

So war der Biber gut hundert Jahre lang bis auf drei kleine Restvorkommen in Europa ausgerottet. Die Wiedereinbürgerungen, die in Deutschland in den 1970er-Jahren begannen und die man auf andere europäische Länder ausgedehnt hatte, führten zu einem derzeit so großen Biberbestand, wie es ihn seit vielleicht einem halben Jahrtausend in Mitteleuropa nicht mehr gegeben hat. Häufiger geworden sind auch manche Großvögel wie die Kraniche, deren Gesamtzahl in Europa sich seit Mitte des 20. Jahrhunderts mehr als verzehnfacht hat.

Bär und Luchs – trotz Schutz so selten

Andere größere und große Tiere hingegen sind gleichfalls geschützt, vielfach sogar weit besser als die Wölfe, doch ihre Bestände nehmen, wenn überhaupt, nur sehr langsam zu. So die von Bär und Luchs. Die beiden wesentlichen Unterschiede zwischen den zunehmenden Arten und solchen, die trotz ziemlich guten Schutzes nicht so recht vorankommen, liegt in der Art ihrer Nahrung. Tiere, die von Pflanzen leben, erholen sich viel schneller, wenn sie vor intensiven Verfolgungen geschützt werden, als solche, die, wie oben ausgeführt, als Raubtiere eingestuft sind. Diese benötigen ihrer Natur nach viel größere Flächen pro Tier als die Pflanzenverwerter. Je nach Körpergröße kann das ein Zehn- bis Hundertfaches an Flächenbedarf ergeben. Sie sind dementsprechend selten. Von Natur aus. Daher zählt bei diesen Arten jedes einzelne Tier, das ums Leben kommt – sei es durch illegale Verfolgung oder aus natürlichen Ursachen –, viel mehr als bei solchen, die in größeren Beständen auf kleineren Flächen leben können. Und auch noch in Notzeiten gefüttert werden, wie die Hirsche, ist hinzuzufügen. Also müsste auch der Wolf selten bleiben, denn er nimmt als Beutegreifer die natürliche Spitzenposition in der Nahrungskette ein.

Der Bär hat ein breiteres Nahrungpektrum, das er nutzt. Dazu gehören insbesondere auch Beeren im Spätsommer und Herbst, von denen er sich die zum Überwintern nötige Fettschicht anfuttert. Oder Honig aus Bienenstöcken, in die er eindringt. Deutlich schwerer tut sich der Luchs, weil er einen hohen und recht speziellen Nahrungsbedarf hat. Am besten (für ihn) deckt er diesen mit Rehen. Bei kleinerer Beute, wie den Mäusen, die Luchse durchaus auch fangen, sind ihnen die Füchse und Marder sowie Greifvögel und Eulen überlegen.

Dieser Befund macht die Wiederkehr der Wölfe noch seltsamer – möchte man meinen. Aber es gibt Fakten, die klar zugunsten der Wölfe sprechen. So hat

Nur in Wildparks und ähnlichen Einrichtungen lassen sich Luchse gut beobachten. Draußen müssen sie sehr scheu sein, weil sie immer noch stark verfolgt werden.

der Wildbestand in großen Teilen Europas im vergangenen Dreivierteljahrhundert enorm zugenommen. Gegenwärtig gibt es, wie die offiziellen Abschusszahlen belegen, ein Vielfaches an Rehen, Wildschweinen und Hirschen als in der Zeit der Ausrottung der Wölfe. Die Bestände dieser Schalenwildarten sind in den vergangenen Jahrzehnten drastisch angestiegen. Das liegt nicht nur an der Hege seitens der Jäger, sondern vor allem an den Veränderungen auf den Fluren. Diese wurden nahrungsreicher mit ihren hochwertigen Zuchtformen von Nutzpflanzen, vor allem auch durch die immense Ausweitung des Maisanbaus.

Die Flurbereinigungen erzeugten größere Flächenstücke, in denen das Wild im Sommer besser Deckung findet. Die gesteigerte Verfügbarkeit hochwertiger Nahrung förderte bei den Rehen Zwillingsgeburten und bei den Wildschweinen ein besseres Überleben der Jungen, der Frischlinge, wie sie Jäger nennen. Die von der Bejagung verursachten Verluste gleichen diese günstigen Bedingungen aus. Leicht offenbar, denn die Wildschweinbestände nehmen weiter zu, obwohl immer mehr Wildschweine geschossen werden. Derart günstige Bedingungen gibt es für die Wölfe nirgends in ihrem riesigen natürlichen Verbreitungsgebiet. Ihr ausgeprägtes Sozialverhalten, das Leben im Familienrudel, in dem gemeinsam die Beute verzehrt wird, verstärkt noch die Gunst der Verhältnisse.

Zu große Konkurrenz für die Jäger

Luchse hingegen leben weitgehend einzeln. Sie können nicht nach Wolfsart die Beute gemeinsam jagen, sondern müssen ihr in der Deckung auflauern. Rehe gäbe es genug, um eine rasche Ausbreitung der Luchse zu ermöglichen. Aber noch werden zu viele geschossen, weil die Jäger den Luchs auch als Konkurrenten fürchten. Das hängt mit dem Reviersystem der Jagd in Deutschland und Österreich zusammen. Die Revierinhaber oder die Jagdpächter wollen das Wild, das sie als ihr Wild betrachten, für die eigene Nutzung im Revier halten. Denn sie bezahlen viel dafür. Wo der Luchs jagt oder wo Wölfe umherstreifen, wird das Wild unstet. Die Jagdsysteme von Wolf und Luchs vertragen sich nicht mit denen der Jäger. Die Luchse sind aber als Katzen nicht annähernd so gut zu Fuß wie die Wölfe. Das bindet sie stärker an ein bestimmtes Jagdgebiet. Von der gewaltigen Zunahme der Rehe können sie demzufolge bei Weitem nicht so stark profitieren wie die Wölfe.

Zu niedlich, so ein spielerischer Ringkampf, könnte man meinen. Luchse sind eigentlich Einzelgänger. Nur zur Paarung treffen sie sich. Aber Jungluchse spielen gern.

Nicht sonderlich ernst ist so ein Streit normalerweise unter Braunbären. Vor Verletzungen schützt sie ihr dichtes und robustes »Bärenfell«.

Der viel kleineren Wildkatze erging es ähnlich wie dem Luchs. Aber dank ihrer Kleinheit tut sie sich leichter, zu überleben und Nachwuchs durchzubringen, da sie neue Waldgebiete besiedeln kann. Doch wie sehr die Hundeartigen dank ihrer Natur im Vorteil sind, enthüllt der Vergleich mit dem Fuchs. Ausgewachsen haben beide, Wildkatze und Fuchs, etwa die gleiche Körpermasse. Aber es gibt ungleich mehr Füchse als Wildkatzen, obwohl die Füchse von den Jägern so sehr bekämpft werden. Bis zur Vergasung, nämlich zur Fuchsbaubegasung in der Zeit vor der Immunisierung der Füchse gegen die Tollwut.

Viel, sehr viel hängt vom Lebensstil ab, den die Tiere ihrer Natur nach führen müssen. Manche Arten sind flexibler als die meisten anderen. Sie schaffen es, mit der Menschenwelt zurechtzukommen und von ihr Nutzen zu ziehen. Den Wölfen kommt das gegenwärtig ihnen wohl gesonnene »öffentliche Klima« in der Gesellschaft zugute. Die Wolfsfeinde sind in der Minderheit. Bleibt zu hoffen, dass sich die Wölfe selbst »vernünftig« verhalten und Konflikte mit Menschen meiden. Dann werden sie Chancen haben, in unserer Welt zu leben, wenngleich sicher nicht annähernd so gut wie ihre Abkömmlinge, die Hunde. Die Bergwelt als Rückzugsgebiet werden sie aber weniger nutzen können als Luchs und Wildkatze. Denn die Almviehhaltung lehnt den Wolf kategorisch ab. Dem Bären ergeht es kaum besser. Die armen Bauern in den Karpaten oder auf dem Balkan sollen mit ihm zurechtkommen. Bei uns geht das angeblich nicht, obwohl der Braunbär großenteils vegetarisch lebt.

»Lied der Wildnis« könnte man das gemeinsame Heulen der Wölfe nennen. Es geht (uns Menschen) unter die Haut. Das Rudel verkündet damit anderen Wölfen Stärke und Geschlossenheit. Jeder Wolf hat seine eigene Stimme, auch im Gesang des Heulens.

Braunbären gehen gern ins Wasser, auch um Fische zu fangen und zu spielen. Bei den Jungbären bilden sich auf diese Weise im Laufe der Zeit Rangordnungen aus. Echte Kämpfe werden jedoch weitgehend vermieden. Die »bärige Ruhe« auf einem Ast in der Höhe drückt Wohlbehagen aus.

Jungluchse spielen wie alle Katzen sehr gern. In der Gruppe kommt dabei bereits eine nach Kräften gestaffelte Rangordnung zustande. Der auffällige Backenbart der erwachsenen Luchse macht wohl nicht nur ihr Gesicht ausdrucksstärker, sondern verbessert auch das Hörvermögen – so wie wir dies mit hinter das Ohr gehaltener, hohler Hand versuchen.

Neugierig wie auch die Kätzchen der Hauskatze sind die Jungen der Wildkatze. Sie sollte eher Waldkatze genannt werden, weil unsere Hauskatzen nicht von ihr abstammen, sondern von ihrer nordafrikanisch-vorderasiatischen Verwandten, der Falbkatze. Wildfarbene Hauskatzen werden oft mit der sehr seltenen echten Wildkatze verwechselt.

IN STEILEN WÄNDEN

Wilde Falken an zerklüftetem Fels

Die Gebirgsnatur bringt es mit sich, dass die Überwindung vergleichsweise geringer Distanzen zwischen den Bergen übers Tal hinweg für Fußgänger lange Wege bedeutet. Auch Tiere, die gut zu Fuß und mit ihrer Fähigkeit, anhaltend zu laufen, uns Menschen klar überlegen sind, wie die Wölfe, tun sich schwer, von Berg zu Berg zu kommen, zumal wenn das Tal dazwischen voller Hindernisse steckt.

Auf und ab geht es bei den meisten Bergwanderungen, auch wenn diese den Gipfel als Ziel haben. Solche Selbstverständlichkeiten für uns sind aber zu berücksichtigen, wenn wir die immensen Vorteile verstehen wollen, die die Bergwelt für Vögel und andere flugfähige Lebewesen bietet. Das Fliegen ist an sich energetisch aufwendig. Pro Minute gerechnet erfordert es einen rund zehnmal höheren Einsatz von Energie als die Fortbewegung zu Fuß. Der Flug rechnet sich jedoch sehr schnell sehr positiv, wenn die Strecke durch die Nutzung des Luftwegs drastisch verkürzt wird. Zudem trägt die Luft oft sogar bestens, weil Aufwinde oder Thermik den kraftsparenden Gleit- oder Segelflug ermöglichen. Bergwanderer schauen mitunter neidvoll einem Vogel nach, der so mühelos und elegant über ein tiefes Kar hinweggleitet, das es zu Fuß oder kletternd zu überwinden gilt, um voranzukommen. Je höher man kommt, desto großartiger entwickelt sich der Ausblick aus der »Vogelschau«.

Vorzüglicher Lebensraum für Vögel

Die Berge mussten attraktiv sein für die Gefiederten, die bei ihrer Suche nach Nahrung weit umherfliegen und nicht einfach irgendwo am Boden danach suchen können. Aber auch solche, die sich hauptsächlich im Geäst der Baumkronen oder im Gebüsch aufhalten, profitieren von der zerklüfteten Natur der Bergwelt, bietet sie doch auf engem Raum Sonnen- und Schattenseiten, Schutz vor Wind und Wetter oder sichere Schlupfwinkel bei Gefahr. Die große Mehrheit der Vogelarten, die Wälder im Tiefland bewohnen, gibt es daher auch in den Alpen. Sie kommen sogar bis in Höhenlagen vor, in denen wir beim Aufstieg schon bemerken, dass die Luft dünner wird.

Die Lunge der Vögel ist viel leistungsfähiger als die der Säugetiere und damit auch unsere. Der kleine Zaunkönig etwa bekommt im Gewirr von Latschenkiefern in 3000 Metern Höhe keine Atemnot, wenn er darin herumschlüpft und aus voller Brust sein Lied schmettert. Dieser allgemeine Hinweis auf die Besonderheit der Vögel muss hier genügen, denn es geht um spezielle Arten, die in für sie schwierigen Zeiten in den Alpen ein Rückzugsgebiet gefunden

Felsnadeln reizen zum Erklettern. Seltenen Vogelarten, wie den Wanderfalken, Steinadlern und Uhus, werden Störungen durch Klettersportler in ihrer Brutzeit zur größten Gefahr.

haben. Hierzu zählen Arten, die keine ausgemachten Gebirgsvögel sind, sondern wie Rothirsch, Luchs und Wolf von Natur aus im Tiefland weit verbreitet waren, bevor für sie dort die Lebensbedingungen sehr ungünstig wurden. Der Wanderfalke ist so eine Art, eine Ikone des globalen Vogelschutzes. Dieser gut taubengroße, ungemein rasant fliegende Falke bekam seinen deutschen, wie auch den wissenschaftlichen Namen *peregrinus*, weil er aus der Ferne zu kommen schien und rasch wieder verschwand. Als »Wanderer« eben oder als »Fremder«, denn das bedeutet das lateinische *peregrinus*.

Seit alten Zeiten wird der Wanderfalke von Falknern zur Jagd auf Flugwild gehalten. Im europäischen Hochmittelalter erfuhr die Falknerei ihre Blütezeit unter dem Stauferkaiser Friedrich II. In den Jahren des Wirtschaftwunders nach dem Zweiten Weltkrieg lebte sie erneut auf. Besonders die Wanderfalken waren höchst begehrt, weil die Scheichs der Ölstaaten am Persischen Golf schier unglaubliche Preise für sie bezahlten. Diese stiegen rasant, als die Bestände global zusammenbrachen und die Wanderfalken auszusterben drohten.

Rettungsinsel für Greifvögel

War der Niedergang der Falken zunächst rätselhaft, so ist der Hauptschuldige inzwischen längst bekannt: DDT, ein Insektenvernichtungsmittel, das in der Landwirtschaft, im Gartenbau, zur Bekämpfung von Forstschädlingen in Wäldern und in vielen anderen Bereichen global eingesetzt worden war. Auf die Bestände großer Falken, von Adlern, Störchen, Pelikanen und zahlreichen anderen Vögeln wirkte es sich verheerend aus. Die Abbauprodukte von DDT reicherten sich über die Nahrungsketten an und vervielfachten sich bei den Endnutzern. Sie gerieten sogar in unsere Muttermilch. Bei den betroffenen Vögeln führten sie zu einer so starken Verdünnung der Schalen, dass die Eier beim Bebrüten zerbrachen. Es gab kaum noch Nachwuchs, von entlegenen Orten abgesehen, die noch einige Jahre von den Folgen des DDT verschont blieben, bis das Gift schließlich auch dort wirksam wurde.

Zu solchen Regionen gehörten die Alpen, da in ihrer Bergwelt kaum DDT angewandt worden war. Sie wurden zu Rettungsinseln für Wanderfalken und andere Greifvögel, die sich dorthin hatten zurückzie-

Nur wenige Brutpaare der Wanderfalken überlebten in den Alpen die Jahrzehnte der verheerenden Giftbelastung der Natur mit DDT. Gegenwärtig sind die rasant fliegenden Falken in Großstädten am sichersten!

hen können. Richtig sicher waren auch sie nicht, aber sicher genug, um nicht so großflächig auszusterben, wie dies auf fast der gesamten Nordhemisphäre der Erde geschah. Auch in der Schwäbischen und Fränkischen Alb überlebten Wanderfalken in Restbeständen. Diesen widmeten die Vogelschützer ihre besondere Aufmerksamkeit in der Krise, denn es galt, die Falkenbruten vor den Eierdieben zu schützen.

Erneuter Aufschwung der Falken

Jungfalken stiegen im Wert, je weniger es von ihnen gab. Vom Beginn des Nistens, spätestens nach der Ablage des ersten Eis im Horst, bewachten Freiwillige die Wanderfalkenbruten rund um die Uhr bis zum erfolgreichen Ausfliegen der Jungen. Es war dies die größte Anstrengung im Vogelschutz, die jemals für eine einzelne Art geleistet wurde. Sie lohnte. Die Zahl der erfolgreich ausgeflogenen Falken nahm zu. Es wurde sogar möglich, ausgewilderte Vögel an nicht ersteigbaren Türmen in den Großstädten anzusiedeln, etwa am Kölner Dom, am Roten Rathaus in Berlin oder an den Türmen eines Heizkraftwerks in München. Die großstädtischen Kunstfelsen erwiesen sich als sicherer und produktiver an Jungfalken als die Horste in herrlich wilder Natur. Denn diese war und blieb nicht so »herrlich wild«. Der Ansturm der Kletterer überrannte sie und vernichtete viele Bruten, die von den Folgen der DDT-Vergiftung verschont geblieben waren. Felswände mit geschützten Nischen für die Falkenbruten oder auch für Steinadler wurden mit der Zunahme des Tourismus in den Alpen immer rarer und immer schwieriger zu verteidigen.

Nachdem das DDT verboten war und Jahre ins Land gegangen waren, in denen die Kontaminierung der Natur abnahm, retteten die Wanderfalken ausgerechnet die Großstädte – das Naturfernste, das

es gibt. Denn sie bieten zusätzlich zu den sicheren Brutplätzen auch Nahrung in Hülle und Fülle: die Stadttauben. In wildromantischen Gebirgstälern mangelt es an Wildtauben, weil diese zur Futtersuche offenen Boden benötigen, auf dem sie Sämereien finden. Manche Naturschützer mussten tief betroffen zur Kenntnis nehmen, dass das, was so schön und natürlich aussieht, nicht automatisch auch besonders günstig ist für Tiere, die wir schätzen. Der Kontrast zwischen dem Kunstgebilde Großstadt mit seiner Naturferne und dem Alpental, in das »der Falke doch hineingehören würde«, kann sehr groß sein. Und bald kam noch eine Gefahr aus der Natur hinzu.

Riskanter Nachbar – der Uhu

Auch der Uhu, unsere bei Weitem größte Eule, kämpfte in jener Zeit, in der es den Wanderfalken so schlecht ging, ums Überleben. Doch anders als die Falken waren die Uhus nicht so extrem betroffen von DDT und anderen Umweltgiften. Die direkte Verfolgung dezimierte sie stärker. Da es an den Ortsrändern allerdings viele Igel gab, griff der Uhuschutz schneller. Igel kann der Uhu mit seinen großen, weit ausgreifenden Krallen fassen und dann von der Bauchseite her ausfressen. Ratten und andere Kleinsäuger an Mülldeponien und an Waldrändern bilden einen weiteren bedeutenden Teil seiner Nahrung. Als die Uhus lernten, in Kiesgruben und Steinbrüchen zu nisten, auch wenn in diesen tagsüber noch gearbeitet wurde, und ihre Bruten zudem bewacht und geschützt wurden, erholten sich die Bestände deutlich schneller als die der Wanderfalken.

So erfreulich dies aus der Sicht des Vogelschutzes war, so prekär wurde die Lage ausgerechnet für die Falken, die am »wilden Fels« nisteten. Die Uhus wurden zu ihren Nistplatzkonkurrenten und erbeu-

Die Schluchten des Balkans boten dem Schwarzstorch, dem dunklen Verwandten des Weißstorchs, rund ein Jahrhundert lang Schutz. Doch dank verbesserter Schutzmaßnahmen konnten sich die Waldstörche, wie sie auch genannt werden, bei uns wieder vermehren.

teten nachts auch die jungen Falken. Tagsüber können sich die Alten der Angriffe eines Uhus erwehren. Nachts ist die große Eule jedoch im Vorteil. Lautlos gleitet sie herbei und greift sich die Jungfalken. Dass die Alpen speziell, und die Bergwelt ganz allgemein, zum Rückzugs- und Wiedererholungsgebiet für Wanderfalke und Uhu wurden, führte in dieses Dilemma. Es dauert an bis in die Gegenwart, denn sichere, ungestörte Horstplätze sind für beide Vogelarten immer noch viel zu rar. Zu häufig gibt es Störungen durch Kletterer, die nicht einsehen wollen, dass sie während der Brutzeitmonate in die Brutfelsen nicht einsteigen dürfen. Und wenn dann auch noch Marder als weitere Bedrohung der Bruten hinzukommen, weil Horstplätze gewählt werden (müssen), die diese flinken Beutegreifer erklettern können, kommen viel zu hohe Verluste zustande.

Schutz dank der schwierigeren Zugänglichkeit des Gebirges fanden einige weitere Vogelarten, allen voran der Steinadler, über den auf S. 120 ff. berichtet wird. Er zählt nicht zu den Gebirgsvögeln im engeren Sinne. Steinadler leben in Nordosteuropa auch im Flachland und nisten dort auf hohen Bäumen. Felsbrüter müssen nicht zwangsläufig »echte« Gebirgsvögel sein. Auch im Tiefland gibt es Steilwände mit Nistmöglichkeiten, etwa an hohen Flussufern. Sie bieten jene Vorteile, die für viele Vogelarten die Hochgebirgswelt so attraktiv machen: freie Ausblicke und die Möglichkeit zum Segelflug.

Der heimliche Schwarzstorch

Für einen besonders raren und scheuen Großvogel sind geschützte Nistplätze besonders wichtig, nämlich für den Schwarzstorch. Vom Balkan her, seinem wichtigsten Rückzugsgebiet in den letzten Jahrhunderten, schaffte er die Wiederausbreitung weitgehend von selbst. Er sieht wie eine Zwillingsart des Weißstorchs aus, aber mit einigen Unterschieden. Der für den Schwarzstorch selbst wohl wichtigste ist die dunkle, grün schillernde Oberseite. Diese tarnt und verbirgt ihn im Wald. Der Schwarzstorch ist ein »Waldstorch«, der Weißstorch (bei uns, denn es gibt weitere Arten von Störchen in anderen Regionen der Erde) ein Storch des offenen (Weide-)Landes.

Schwarzstörche leben »heimlich«. Sie verstehen es für einen so großen Vogel erstaunlich gut, sich vor den Menschen zurückzuziehen. Ihre großen Nester errichten sie auf starken alten Bäumen in abgelegenen, auch von Förstern wenig begangenen Waldteilen. Gern nutzen sie Felswände im Bergwald zum Nisten. Vom Nest aus können sie sich beim Abflug direkt in die Flügel fallen lassen oder ihren Horst unter Ausnutzung der Aufwinde anfliegen. Man möchte es kaum glauben bei der Seltenheit, mit der man in Bayern oder Österreich einen Schwarzstorch zu Gesicht bekommt, dass die Zahlen der Brutpaare in beiden Ländern ziemlich denen der Weißstörche gleichen.

Insofern ist der Schwarzstorch als Waldstorch ein besonders gutes Beispiel dafür, dass sich bedrängte und seltene Arten in den Schutz der Bergwelt begeben, auch wenn ihre Hauptverbreitungsgebiete eigentlich auf dem »offenen Land« liegen. Für viele Vögel und andere Tiere gilt diese Feststellung gleichermaßen. Das fällt uns bei Wanderungen in den Alpen bloß nicht auf.

Turmfalken tragen ihren Namen seit Jahrhunderten. Diese Bezeichnung steckt auch in ihrem wissenschaftlichen Artnamen. Doch ursprünglich lebten und brüteten die kleinen Falken, die den Rüttelflug sehr gut beherrschen, in gebirgigen Regionen, darunter auch in den Alpen. Türme und andere hohe Bauwerke nehmen sie zwischenzeitlich aber sehr häufig zum Nisten als Ersatz für die Felswände.

Wenn wir auf Bergtouren die Szenerien bewundern, die sich vor uns auftun, bleibt uns zumeist verborgen, was sich an den schroffen Wänden abspielt: Luftmassen steigen auf oder fallen talwärts, je nachdem, welches Wetter herrscht. Windstille gibt es kaum jemals. Das ist die Welt der »Großsegler« unter den Vögeln, der Geier und Adler. Sie sparen Kraft, indem sie Aufwinde nutzen, sodass sie stundenlang fliegen können, ohne zu viel Energie zu verbrauchen.

Der Gänsegeier ist der größte Segelflieger der Alpen, nur der Bartgeier übertrifft ihn an Spannweite der Flügel. Gänsegeier kommen alljährlich in größeren Gruppen in den Nationalpark Hohe Tauern, wo sie nach abgestürzten Tieren, Gämsen und Schafen vornehmlich, suchen und sich davon ernähren. Sie brüten dort allerdings (noch) nicht, denn es gibt wohl zu wenige Kadaver, um die Jungen erfolgreich aufziehen zu können.

LEBEN IM
HOCHGEBIRGE

HÖHER, IMMER HÖHER

Bergwälder vom Tal bis zur Baumgrenze

Die Wälder des Vorlands schoben sich über die Täler von Natur aus ins Gebirge hinein. Welcher Waldtyp möglich ist oder vorherrscht, hängt von der Höhenlage ab. In den meisten Alpentälern setzt sich fort, was draußen ansteht. Aber wie weit es bergwärts hinaufgeht, bestimmen Steilheit und örtliches Klima. Der niederschlagsreiche Alpennordrand begünstigt mit seinem feuchtkühlen Wetter den Bergmischwald und mit zunehmender Höhe den Nadelwald bereits in den Tälern, während die vom mediterranen Klima beeinflusste Alpensüdseite trockenheits- und hitzetolerante Laubwälder mit Eichen bis in größere Höhen zulässt. Schließlich zwingen die mit der Höhe abnehmenden Temperaturen die Bäume »in die Knie«. Die »Kampfzone des Waldes«, wie diese Höhe genannt wird, stellt das obere Ende des Baumbestands dar. Von dort an aufwärts geht es über krüppelhaften Bewuchs und kleine, bodennah bleibende Pflanzen weiter in die Region von Fels und Eis.

Im vereinfachten, regional natürlicherweise stark abgewandelten Schema folgen die Waldtypen bergwärts aufeinander wie Bänder, jedoch nicht wie scharf voneinander abgesetzte, sondern als ineinandergreifende Vegetationszonen. Das Gesamtbild wird von den dominanten Bäumen beherrscht. Dabei gibt die Abfolge von Laubwald – Mischwald – Nadelwald – Krummholz – Fels das Grundmuster von unten nach oben vor. Beginnen steile Felswände bereits in der Laubwaldzone, können die nach oben folgenden Waldregionen fehlen oder schwach entwickelt ausfallen. Jede Schematisierung vereinfacht zwangsläufig.

Sehr abwechslungsreiche Lebensräume

Die Vielfalt der Natur ergibt sich in den Alpen, wie in anderen Hochgebirgen, aus der kleinteiligen Unterschiedlichkeit der Strukturen. Die meisten erklären sich von selbst, wenn man sich ihre Lage bewusst macht. An der Schattenseite desselben Berges herrschen andere Verhältnisse als an seiner Sonnenseite. Viel hängt davon ab, ob die Felsen ziemlich glatt (und eine bergsteigerische Herausforderung) sind, oder stark gegliedert in Bänder, Triften, Felsvorsprünge und dergleichen. Unter vielen Steilwänden gibt es kesselartige Mulden, in denen sich das von der Verwitterung abgegangene Material ansammelt. Tümpel können darin enthalten sein. Sie bilden sich bei der Schneeschmelze und verschwinden den Sommer über wieder. Oder es bleiben kleinere und größere Seen bestehen. Monatelang können sie von Eis bedeckt sein. Schließlich verlanden sie, weil immer mehr Material von den Hängen nachkommt,

Klar ist das Wasser der Tümpel und Seen im Hochgebirge - noch, denn auf dem Luftweg werden Schadstoffe eingetragen. Nach und nach verlanden die Gewässer. Hier die Südseite der Drei Zinnen in den Dolomiten.

Ein Feuerwerk an Gelb-, Orange- und Brauntönen bieten die spektakulären Verfärbungen der Ahorne im Herbst. Sie sind ein wahrer Touristenmagnet.

und werden zu Mooren oder Sümpfen. Erhalten sie hauptsächlich Regen- und Schmelzwasser, entwickeln sie sich zu sauren Hochmooren mit einer speziellen Pflanzen- und Tierwelt. Strömt ihnen dagegen das meiste Wasser aus kalkhaltigem Fels zu, versauern sie nicht, sondern bieten einer anderen Gemeinschaft von Pflanzen und Tieren Lebensmöglichkeiten.

Das »Wasserschloss Europas«

Das Spektrum der vom Wasser bestimmten und daher Feuchtgebiete genannten Lebensräume reicht von sumpfigen Hang- und Sickerquellen und solchen, deren Wasser bereits in mehr oder weniger kräftigem Strahl aus dem Boden sprudelt, Sturzquellen genannt, bis hin zu großen und tiefen Bergseen und Flüssen, die aus den Alpen strömen.

Die Alpen gelten als »Wasserschloss Europas«. Die Details sind spannend, auch weil sie mit ihrem Aussehen faszinieren – Wasserfälle zum Beispiel oder überrieselte Felsen. An solchen Naturschauspielen leben tierische Spezialisten mit schier unglaublicher Lebensweise. Einige stellt unser Buch vor. Dass Forellen in größeren, anhaltend Wasser führenden Bergbächen leben sollten, davon gehen auch Nicht-Angler aus. Warum sie darin leben können, obwohl das Wasser so sauber aussieht und der Bach, abgesehen vom Gestein darin, ziemlich leer wirkt, wird selten hinterfragt. Noch weniger Gedanken macht man sich, weshalb es Gletscherflöhe gibt. Sie sind kein Witz; sie existieren tatsächlich. Wie auch die Schneefinken und die Mauerläufer.

Besiedlung durch Kleinstgetier

Selbst wenn später bei der Vorstellung einiger Arten darauf näher eingegangen wird, ist hier der Hinweis angebracht, dass an den Felswänden mit Bergwind und Talwind, je nach Tageszeit und Wetter, viele Insekten und kleine Spinnen verfrachtet werden, besonders mit dem aufwärts gerichteten Wind. Auch winzige Pflanzenteile, Pollen insbesondere, reißt er mit hoch. Die Gletscher fangen diese biologische Fracht genauso ein wie Schmutzstoffe aus dem Vorland. Und halten diese noch besser fest, als ein Tümpel mit ruhender Wasseroberfläche ähnliches Material durch die Oberflächenspannung einfängt. Auf Schneeflächen geschieht dies genauso, aber das Gletschereis ist wirkungsvoller, weil die weitaus meisten Kleininsekten und Spinnen im Hoch- und Spätsommer zugedriftet werden, nicht im Winter.

An den Felswänden sammelt sich auf ähnliche Weise kleinstes Getier an, sogenanntes Luftplankton, weil dieses an der Rauheit der Felsen Landemöglichkeiten und Verstecke findet. In den Millimetern oder Zentimetern direkt über der Wand herrscht kaum noch Luftbewegung, auch wenn kaum eine Handbreit weiter entfernt der Wind vorbeipfeift.

Die Großlebensräume in den Alpen

Schließlich schuf die von den Bergbewohnern vorgenommene Bewirtschaftung ein neues Mosaik offener Flächen. Almen, Bergwiesen zum Heuen und die Flächen mit Holznutzung sind menschengemachte Puzzlestücke in der von Natur aus schon kleinteilig vielfältigen Bergwelt. Diese umgibt in den Alpen ein Quartett von Großlebensräumen, die von recht unterschiedlichem Klima geprägt sind.

Im Westen und Nordwesten reicht das atlantische Klima an den Fuß der Alpen und dringt über die Täler weit in die Bergwelt hinein. Von Norden und Nordosten brandet der mitteleuropäische Mischbereich mit hohen Sommerniederschlägen und viel Wind an die Alpen. Ganz im Osten und Südosten reicht ein Ausläufer des asiatischen Steppenklimas aus der Ungarischen Tiefebene bis an ihren Rand, und südseitig grenzt das Mittelmeerklima an die Alpen.

Auf kurze Distanzen gibt es daher feuchtkalte Nadelwälder in der Bergwaldstufe des Alpennordrands und mediterrane Esskastanien- und Flaumeichenwälder an der Südseite. Das Tessin bietet

Eine Latschenkiefer in Tirol, aus der Nähe betrachtet. Die spätere Zapfenform lässt sich bereits an den rotbraunen Blütenständen erkennen.

erheblich andere Lebensbedingungen als das Rheintal in der Schweiz. Jenseits des Brenners beginnt für Deutsche und Nordeuropäer der Süden.

Tieflandtiere im Gebirge

Von allen Seiten her dringen Tiere und Pflanzen in die Alpen. Daher ist dieses Gebirge zwar ein riesiges Mischgebiet, aber keineswegs ein Durcheinander. Die Alpennatur hat sehr wohl ihre Eigenständigkeiten und Besonderheiten, wie auch die unterschiedlichsten Kulturen der Menschen, die diese Bergwelt besiedeln. Zahlreiche Arten, die uns aus dem Vorland, ja sogar aus weiten Bereichen Mitteleuropas ganz vertraut oder zumindest dem Namen nach geläufig sind, gibt es auch in den Alpen, und zwar zumeist in größerer Häufigkeit. Oft lassen sie sich sogar viel besser beobachten.

Andere Arten sind auf die Alpen beschränkt. Wir finden manche sogar nur in besonderen Teilen der Alpen, wie die rotschnäbelige Alpenkrähe *(Pyrrhocorax pyrrhocorax)* in der Südschweiz und den Südwestalpen, während die gelbschnäbelige Alpendohle *(Pyrrhocorax graculus)* fast an jedem größeren Berg vorkommt. Auch so bekannte und markante Hochgebirgstiere, wie die Murmeltiere, leben nicht überall in den Alpen.

Meistens liegt es an besonderen Ansprüchen, die die verschiedenen Arten an die Lebensbedingungen stellen, manchmal aber auch am Menschen. Denn einige »typische« Tierarten wollen die Bergbewohner nicht (wieder) haben, wie beispielsweise Braunbär und Wolf. Andere wären zwar willkommen und werden geschätzt, aber sie können sich nicht mehr halten, weil die Störungen durch den Tourismus zu groß geworden sind. Auerhuhn *(Tetrao urogallus)* und Birkhuhn *(Tetrao tetrix)* gehören zu dieser Gruppe der gefährdeten Spezies. Es sind dies Arten, die vor dem Menschen fliehen, auch weil sie viel zu lange und zu intensiv verfolgt wurden. Im Gegensatz dazu stehen die Kulturfolger, die Begleiter der Menschen. Sie breiten sich kräftig aus. Rabenkrähen sind längst viel häufiger als die großen Kolkraben. Und mit den Menschen kamen auch die Spatzen ins Gebirge.

< Die gelbschnäbelige Alpendohle ist noch sehr häufig und kommt an vielen Gipfeln vor. Ihre rotschnäbelige Schwesterart, die Alpenkrähe, hingegen gibt es nur noch in geringen Restbeständen in den Westalpen.

> Die Krimmler Wasserfälle gelten als höchster Wasserfall der Alpen. Über drei Stufen überwinden sie eine Höhe von 380 Metern. Ein besonderes Naturschauspiel sind sie allemal – und mehr als eine Reise wert!

Zukunftsträchtig sieht der Nachwuchs dieser Uhufamilie aus. Aber die Junguhus tun sich zunehmend schwerer, geeignete Bereiche zu finden, in denen sie leben und sich fortpflanzen können. Im Gebirge ist für sie die Nahrung nicht nur knapp, sondern überdies auch schwerer als im Flachland zu erbeuten.

Ein besonders widerstandsfähiges und zudem sehr schönes Holz bilden die Arven, auch Zirben oder Zirbelkiefern genannt. Sie sind typisch für die Hochlagen in den West- und Zentralalpen, wo sie in einer Zone zwischen 1300 und 2500 Metern vorkommen und dort die Baumgrenze bilden. Die Zirbe gilt als Baumkönigin der Alpen. Sie erträgt Temperaturen bis zu -40 Grad Celsius, wird maximal 25 Meter hoch und bis zu 1000 Jahre alt.

Den unwirtlichen Unbilden der Witterung ausgesetzt ist diese Bergkiefer aufgewachsen – ein lebendiger Zeuge vom Kampf des Pflanzenlebens gegen die Widrigkeiten der Natur im rauen Hochgebirge.

>> Es gehört zu den ungelüfteten Geheimnissen, weshalb uns Menschen eine derart »wilde«, schroffe Bergwelt so sehr fasziniert, dass viele den Drang verspüren, sie zu »bezwingen«. Hier ein Blick auf die zackige Geislergruppe in den Dolomiten, Südtirol.

AUFSCHWUNG IN HÖCHSTE HÖHEN

Im Reich des Steinadlers

Sehen wir uns nun eine Auswahl an Tieren an, die durch Schönheit und Besonderheit besticht, aber auch die lebendige Natur der Alpen besonders kennzeichnet. Wir beginnen unsere spezielle Bergtour mit der Vogelwelt. Wer in die Alpen geht, bekommt immer auch Bergvögel zu sehen. Unübersehbar sind die schwarz gefiederten, gelbschnäbligen Alpendohlen *(Pyrrhocorax graculus)*. Sie kreisen um den Gipfel oder die Berghütte, scheinen mit dem Wind zu spielen und betteln bei den Touristen um Futter.

Wahre Flugkünstler

Die Bergdohlen, wie sie auch genannt werden, tun dies aus dem Flug heraus. Er scheint für sie ein einziges Vergnügen zu sein. Sie lassen sich von den Windböen umherwirbeln, auch wenn sie kein Futter erhalten, steilen sie auf, stürzen ab mit zusammengelegten Flügeln oder schweben eine Zeitlang einfach so dahin, wie um die Leichtigkeit des Fluges zu genießen.

Vogelkundler, die sich mit dem Flug der Vögel wissenschaftlich befassen, halten die Alpendohlen für die besten Flieger unter den Landvögeln. Dass sie zu den Besten gehören, diesen Eindruck gewinnen alle, die ihnen zugesehen haben. Vielleicht sinnieren manche ihrer Bewunderer auch mal kurz darüber nach, was die Alpendohlen eigentlich machen, wenn keine Touristen auf den Berg kommen. Wovon leben sie, wenn keine Menschen da sind, die ihnen etwas geben? Warum leben sie überhaupt so hoch oben auf den Bergen in der zweifellos rauen Umwelt, wenn sie doch auch das angenehmere Leben im Tal im Winter mitbekommen? Denn diesen verbringen die Bergdohlen nicht oben an den von Schneestürmen umtobten Gipfeln, sondern unten in den Tälern. Ins Vorland fliegen sie dennoch nicht hinaus. Nicht einmal ins nahe München ziehen sie, obwohl sich dort die Saatkrähen *(Corvus frugilegus)*, die zu ihrer Verwandtschaft gehören, aus dem so weit entfernten Russland zum Überwintern einfinden.

Auch die großen Kolkraben *(Corvus corax)*, die in den Alpen leben, bleiben im Winter in den Tälern. Allenfalls ein Stück weit draußen im unmittelbaren Alpenvorland suchen sie in lockeren Schwärmen auf den Fluren nach Nahrung. Sie nisten im Gebirge in der Bergwaldstufe, nicht so hoch oben in Felsspalten und offenen Höhlungen wie die Bergdohlen. Von den allermeisten Menschen, die im Sommer in den Alpen wandern, werden »die Raben« sicher oft gar nicht als solche erkannt. Da die Besucher aus dem Flachland kommen, sind sie nicht darauf eingestellt, den Verhältnissen im Gebirge gemäß die Größen

Wuchtig ist der Flügelschlag der Adler. Mehrere einander recht ähnliche Adlerarten leben in den Gebirgen der Nordhemisphäre. Für alle gilt, wie für »unseren« Steinadler, dass Aas einen Hauptteil ihrer Nahrung bildet.

richtig einzuschätzen. Oft werden die erheblich größeren Raben einfach mit den kleineren Rabenkrähen *(Corvus corone)* verwechselt. Dabei »sagen« die Rabenrufe eigentlich schon alles, bevor man den oder die Rufer sieht. Ihr tiefes, kehliges »Klock« oder »Grrock« schallt weit übers Tal.

Auf der Alpensüdseite machen es uns Krähen und Raben leichter, sie zu unterscheiden, denn dort kommt die am Körper graue Nebelkrähe *(Corvus cornix)* vor. Seltsamerweise, denn nördlich der Alpen lebt sie viel weiter im Osten und von der Rabenkrähe abgesetzt. Nebelkrähen gibt es östlich einer leicht geschwungenen Linie (etwas westlich) von Wien über Tschechien und Ostdeutschland östlich der Elbe bis Dänemark und hinüber nach Schottland. Westlich von ihr siedelt die ganz schwarze Rabenkrähe. Von Deutschland aus betrachtet, könnte man meinen, dass dieses Verbreitungsgebiet beider Krähenarten ganz gut der klimatischen Grenze zwischen dem atlantischen Westen, dem »Rabenkrähenwetter« und dem bereits stark kontinental beeinflussten Osten, dem „»Nebelkrähenwetter« entspricht. Doch die an der Alpensüdseite vorkommenden Nebelkrähen, die von dort bis zum Alpenhauptkamm vordringen und vereinzelt auf die Nordseite gelangen, machen diese einfache Erklärung zunichte. Eher trifft zu, dass die Besiedlung Europas durch Krähen auch ein Prozess der Geschichte ist, wie beim Menschen, und nicht allein von Faktoren der Umwelt bestimmt wird.

König der Lüfte – der Steinadler

Die zum Einstieg in die Vogelwelt der Alpen gewählten Krähenvögel konfrontieren uns also gleich mit der Tatsache, dass nicht alles, was wir vorfinden, von Natur aus so sein muss. Vielfach gehen die aktuellen Verhältnisse zurück auf Prozesse, die in der Vergangenheit abliefen und die auch weiterlaufen werden. Das verdeutlicht ein anderer Vogel, der mehr als alle anderen mit den Alpen verbunden wird, der Steinadler *(Aquila chrysaetos)*.

Stein, also Fels oder Berg, steckt zwar im deutschen Namen für diesen Adler, nicht aber im wissenschaftlichen. *Chrysaetos* meint Goldadler. So nennt

< **Die Alpen bilden** nur einen winzigen Teil des riesigen Verbreitungsareals der Kolkraben. Es reicht vom nördlichen Eurasien bis in den Süden Nordamerikas.

> **Ein Adler im Flug.** Was wie müheloses Gleiten durch die Lüfte wirkt, erfordert viel Kraft und strapaziert das Gefieder. Die Federspitzen werden regelrecht abgerieben.

man ihn auch in England und in Nordamerika. Auf goldbraune Gefiederpartien bezieht sich dieser Name, und Steinadler gibt es nicht nur in Gebirgen. Die Alpen bilden nur einen kleinen Fleck. Der ungleich größere Hauptbestand erstreckt sich von Schottland über Skandinavien und das Baltikum über den ganzen Norden Asiens hinüber nach Nordamerika und dort südwärts bis Mexiko. Der Gebirgsanteil macht darin zwar einen Teil aus, nimmt aber keineswegs die ganze Fläche ein. An Stein und Fels ist der Steinadler nicht gebunden, wenngleich dies in seinem alpinen Vorkommen der Fall zu sein scheint.

Ziehen wir seine nähere Verwandtschaft mit in Betracht, wird deutlich, worum es beim Steinadler in den Alpen geht: um Wind, hinreichend starken Wind, der den 3,7 bis fünf Kilogramm schweren Vogel trägt. Müsste der Adler andauernd im Kraftflug jagen, käme er höchstens unter extrem günstigen Bedingungen zu einer positiven Energiebilanz zwischen Aufwand und Ertrag. Sehr viel Beute, wie Murmeltiere, müsste es geben, oder Schneehasen. Vor allem aber sogenanntes Fallwild, also Gämsen, Hirsche und Nutztiere, wie Schafe und Ziegen, die abgestürzt sind oder Lawinen zum Opfer fielen. Von solchen Kadavern leben die Steinadler im Winter und Frühjahr nahezu ausschließlich. Denn in dieser Zeit ruhen die Murmeltiere unerreichbar für Adler in ihren unterirdischen Bauen. Die Schneehasen sind im Winter weiß, auf dem Schnee somit gut getarnt, und in den Hochlagen an der Waldgrenze schwer zu erbeuten, weil sie Haken schlagen und unter den aus dem Schnee ragenden Kronen kleiner Bäume Schutz finden. Steinadler müssen viel herumfliegen, um für sie Verwertbares zu finden. Das kostet Energie. Wind mindert den Energieverbrauch, weil sie mit diesem segeln und sich den Kraftflug sparen können.

Adler und Geier als Kulturfolger

Wie sehr es genau darauf ankommt, drücken die noch größeren, noch ausdauernder segelnden Gänsegeier aus, die in den Sommermonaten von den Adriainseln her zu den Hohen Tauern kommen. Dort spähen sie nach Kadavern abgestürzter Schafe. Im Winterhalbjahr würden sie in den Alpen verhungern. Die Wolkendecke hängt zu tief. Der Segelflug ist stark beeinträchtigt. Das zwingt die Geier dazu, die Alpen im Spätsommer zu verlassen. Meist geschieht dies schon, bevor der Almabtrieb des Viehs stattfindet. Noch vom Sommerwind getragen, segeln die majestätischen Vögel zu den Inseln in der östlichen Adria, wo sie überwintern.

Ob die gegenwärtige Wiedereinbürgerung des der Flügelspannweite nach Größten der Adler und Geier, des Bartgeiers *(Gypaetus barbatus)*, tatsächlich gelingt, wird davon abhängen, ob dieser Extremsegler rund ums Jahr genügend Kadaver größerer Tiere findet. Er lebt von deren Knochenmark. Die Almwirtschaft begünstigte die Geier und die Adler, weil sie erheblich mehr größere Säugetiere in die Bergwelt brachte als von Natur aus dort leben würden. Die großen Geier sind Kulturfolger. Auch der Steinadler ist das in einem nicht geringen Anteil. Früher wurden ihm und dem als Lämmergeier gebrandmarkten Bartgeier zahlreiche Verluste an Schafen angelastet, mitunter sogar solche an Jungrindern, die auf steilen Almflächen abstürzten. Die verendenden und toten Tiere fanden die Geier und die Adler weit schneller als die Hirten. Wie auf frischer Tat ertappt, wurden die großen Vögel beschuldigt, die Nutztiere in den Tod getrieben zu haben.

Sogar Babys sollen sie geraubt haben, obgleich nicht einmal starke Adler in der Lage wären, ein solches zu tragen. Geier können ohnehin nichts tragen; ihre Füße taugen nicht dazu. Am Boden wirken sie eher wie unbeholfene, viel zu groß geratene Hühner. Höchstwahrscheinlich gab es andere Hintergründe. In den schlechten Zeiten früherer Jahrhunderte, in denen die Menschen im Hochgebirge permanent ums Überleben kämpften, mag das eine oder andere Neugeborene ausgesetzt worden sein, weil es die Sennerin nicht ernähren konnte oder sie das Kind

< Der Sassongher in den Dolomiten – ein riesiger, schroffer Fels – gilt Adlern und Geiern vielleicht als »Traumberg«, weil er sich gut von ihnen anfliegen lässt.

> »Wild« sieht er aus, dieser jugendliche Bartgeier. Dank jahrzehntelanger Wiedereinbürgerungen ist diesem Vogel der Alpen mit der größten Flügelspannweite ein erfolgreiches Comeback geglückt.

nicht haben durfte. Alte Märchen weisen mitunter ganz direkt darauf hin, dass Kinder ausgesetzt oder in den Wald geschickt wurden. Kamen sie um, was zu erwarten und beabsichtigt war, hatte man mit dem Adler und vor allem mit dem Wolf die probaten Schuldigen gefunden.

Blicken wir aber nochmals auf den Adler. Dass er Babys oder Lämmer töten soll, beeinträchtigte seine hohe Reputation offenbar nicht. Denn Jäger, die etwas auf sich hielten, und damit angeben wollten, steckten sich Adlerflaum an den Hut. Monarchien nahmen seit alten Zeiten den Adler in ihr Wappen. Skipetaren, Adlersöhne, nannten sich die Albaner. Der Zarenadler und Adlersymbole in den Fahnen drücken in stark stilisierter Weise unverkennbar aus, was uns als Berggeher am Steinadler fasziniert: Seine eindrucksvolle Gestalt, die sein heraldisch-erhabener Blick unterstreicht. Auf den Eindruck von gerunzelter Stirn mit finster-festem Blick fallen wir herein, weil uns das in unserer Menschenwelt nichts Gutes verheißt. Träger von Adlersymbolen zu meiden sollte geboten sein, außer man fühlt sich selbst geschützt von der Macht des Adlers. Der deutsche Wappenvogel übrigens ist der Seeadler, aber das nimmt man im bayerischen Alpenraum ohnehin kaum zur Kenntnis.

Artenreiche Vogelwelt

Vom »stolzen Adler« zur »gemeinen Krähe«, diese Spanne reicht bei Weitem nicht aus, die Vogelwelt der Alpen zu charakterisieren. Nehmen wir uns einige andere Arten mit ihrer Unterschiedlichkeit vor, ehe wir uns der Erklärung zuwenden, warum es so viele so besondere Vögel in der Bergwelt gibt.

Einen guten Ansatz bieten die Nistplätze der Vögel. Die Alpendohlen nisten in Spalten und Felskaminen in wettergeschützter Lage. Die Steinadler errichten ihre riesigen Horste auf Vorsprüngen mit Nischen unter überhängendem Fels. An solche Stellen zieht es auch den Wanderfalken *(Falco peregrinus)* und den Uhu *(Bubo bubo)*. Diese großen Vögel konkurrieren untereinander um die geeigneten Plätze, denn geschützte Felswände sind rar. Als Brutplatz genutzt werden diese allerdings auch von weniger auffälligen Vögeln, wie den kleinen dunklen Felsenschwalben *(Ptyonoprogne rupestris)* und den schmetterlingsartig flug-kletternd die Wand absuchenden Mauerläufern *(Tichodroma muraria)*. An Steilwänden in mittlerer Höhenlage nisten Turmfalken *(Falco tinnunculus)*. Sogar einen Kleinvogel können wir dort antreffen, wo die Krummholzzone endet und der Fels beginnt, der seinem Namen nach ganz woanders »hingehören« sollte: den Hausrotschwanz *(Phoenicurus ochruros)*.

Tatsächlich stammt er aus den Bergen. In den Alpen lebt nach wie vor ein erheblicher Teil seines Bestands. Die Gebäude, die der Hausrotschwanz in den Ortschaften und Städten besiedelt, betrachtet dieser kleine, bräunliche oder rauchgraue Vogel mit dem rostroten Schwanz als günstigen Ersatz für die Felsen. Die Nischen an den Häusern bieten ihm sogar bessere Nistplätze. Das sehen offenbar auch die Turmfalken und die Wanderfalken so. An den Türmen des Kölner Doms oder den hoch aufragenden Kaminen des Münchner Heizkraftwerks kommen den Falken keine Kletterer zu nahe, wie dies im Naturfels allzu oft geschieht. In ähnlicher Lage befinden sich die felsbrütenden Uhus. Nicht selten ziehen sie sogar einen Steinbruch, in dem noch Fels gesprengt wird, einer natürlichen Felswand vor, wenn ihr Nistplatz von den Sprengungen nicht direkt betroffen ist. Mit den Explosionen kommen sie besser zurecht als mit den unvermittelt nahenden Kletterern. Auch Kolkraben nisten an Felsbändern. Sie alle werden durch unvernünftige Kletterer gefährdet, die die Schutzbestimmungen missachten.

Die Felsbruten drücken aus, dass die betreffenden Vögel ihrer Natur nach keine echten Hochgebirgsvögel sind. Vielmehr bilden sie eine Gruppe, die in der Welt der Felsen sichere Brutplätze gefunden hat. Zunehmend entdecken und nutzen sie die »Kunstfelsen« der Menschen, die Kirchtürme, Bur-

Nicht nur große, robuste Vögel leben in den Alpen, sondern auch erstaunlich kleine, die zu zart für die raue Bergwelt wirken. Zu diesen zählt der Zitronenzeisig.

Sehr unauffällig, aber für die Hochlagen des Gebirges typisch ist die Alpenbraunelle. Sie wird mancherorts auch (Alpen-)Flüevogel genannt.

Sonnige, warme und insektenreiche Felsgebiete braucht der ungewöhnlich bunte Steinrötel. Seine Hauptvorkommen liegen in den Südwestalpen. Als Langstreckenzieher überwintert der Vogel in Afrika südlich der Sahara.

gen und Hochhäuser insbesondere. Einen richtigen Berg brauchen sie nicht. Auch nicht solche Kleinvögel, wie der Hausrotschwanz oder der Alpensegler *(Apus melba)*. Dieser größere Verwandte des weit verbreiteten Mauerseglers *(Apus apus)* bevorzugt es, in Kirchtürmen zu nisten. Im Alpenbereich kommt er nur im Südwesten vor. Einzelne städtische Ansiedlungen von Alpenseglern reichen über die Schweiz bis ins südliche Baden.

Eigentliche Gebirgsarten sind von den bislang genannten nur die Alpendohle und der Mauerläufer. Ein paar weitere, die es im Hochgebirge gibt, fallen wenig auf oder verbergen sich so gut, dass sie nur von kundigen Ornithologen entdeckt werden. »Echt alpin«, weil tatsächlich aufs Hochgebirge beschränkt in ihren Vorkommen, sind Zitronenzeisig *(Carduelis citrinella)* und Schneesperling *(Montifringilla nivalis)*. Weniger streng gilt dies für die Alpenbraunelle *(Prunella collaris)* und für das Alpenschneehuhn *(Lagopus mutus)* noch weniger. Dieses kommt auch im hohen Norden vor. Der Alpen-Birkenzeisig *(Acanthis flammea cabaret)* lebt in einer gut unterscheidbaren Unterart in den Alpen, ebenso wie die Ringdrossel *(Turdus torquatus)*, auch Ringamsel genannt, weil sie mit der gewöhnlichen Amsel nahe verwandt ist. Sie besiedelt die Hochlagen an der Baumgrenze mit leicht erreichbarem Boden und die alpinen Matten. Dort ist auch der Bergpieper *(Anthus spinoletta)* zu Hause und an den kleinen Bächen zu finden, die das Schmelzwasser erzeugt. Im Bergwald leben der fein weißfleckig braune Tannenhäher *(Nucifraga cayryocatactes)*, der treffender Zirbenhäher genannt werden sollte, weil die Zirbelnüsse von *Pinus cembra*, der Arve, seine Hauptnahrung bilden, und zwei alpine Spechtarten. Diese sind der dem Buntspecht ähnelnde Weißrückenspecht *(Dendrocopos leucotos)* und der »düstere«, schwer zu entdeckende Dreizehenspecht *(Picoides tridactylus)*. Beide sind nicht auf die Bergwälder der Alpen beschränkt, sondern kommen in den nordischen und nordasiatischen Wäldern weit verbreitet vor.

Weitere Vogelarten ließen sich anschließen, die sehr selten sind, wie Steinrötel *(Monticola saxatilis)* in den südlichen Alpen, Mornellregenpfeifer *(Charadrius morinellus)* in den Ostalpen, der seine Hauptverbreitung in der arktischen Tundra hat, und das auch aus diesem Großraum stammende Rotsternige Blaukehlchen *(Luscinia s. svecica)* in den Hohen Tauern.

Das Alpenschneehuhn wechselt passend zu den jeweils im Sommer und im Winter vorherrschenden Farben des Untergrunds sein Gefieder. Im Sommer ist es bräunlich, im Winter fast rein weiß gefärbt.

Es handelt sich bei ihnen um große Raritäten. Dagegen sind Auerhuhn *(Tetrao urogallus)* und Birkhuhn *(Tetrao tetrix)* im alpinen Bereich zwar weit verbreitet, aber ihre Bestände gehen fast überall stark zurück.

Nahe Verwandte in Taiga und Tundra

Nun würde so eine gedrängte Aufzählung wenig besagen, außer die betreffenden Arten sind im Bildteil aufgeführt, wenn es nicht um ein zugrunde liegendes Prinzip ginge. Ein solches drückt die Vogelwelt der Alpen tatsächlich sehr gut aus. Die meisten Arten leben nicht nur in der Bergwelt der Alpen, sondern auch in der nordischen Nadelwaldregion, der Taiga, oder der an sie grenzenden Waldtundra mit niedrigen Birken und Zwergsträuchern. Dort kommen diese Vögel in viel größeren Beständen vor und sind über riesige Bereiche in Nordasien verbreitet. Die zweite Möglichkeit ist, dass es nordische Zwillingsarten zu den alpinen gibt. So kommt das Alpenschneehuhn in einer nordischen Unterart vor, und es hat auch noch mit dem Moorschneehuhn *(Lagopus lagopus)* ein nordisches Gegenstück. Auer- und Birkhuhn gibt es in der Taiga in gleicher Art. Nordischer Birkenzeisig und Alpen-Birkenzeisig unterscheiden sich wenig, aber wie Berg- und (nordischer) Strandpieper stark genug, um sie zumindest als verschiedene Unterarten zu betrachten. Gegenwärtig hält man diese Vögel für eigene Arten.

Die Steinadler des Nordens unterscheiden sich nicht von denen der Alpen, die alpinen Wanderfalken und Uhus auch nicht von denen des Vorlands. Das Rotsternige Blaukehlchen bildet wie der Mornellregenpfeifer ein kleines alpines Reliktvorkommen. Beide Arten leben in großen Beständen in den weiten Moor- und Sumpfgebieten des Nordens. Übrig bleiben Zitronengirlitz und Schneefink als echte Hochgebirgsvögel. Doch sie haben Verwandtschaft in den asiatischen Hochgebirgen und den Gebirgen des Balkans. Damit entsprechen sie einer größeren Zahl von Pflanzenarten, die ebenfalls eng verwandte Arten oder ihnen gleiche in Asien haben. Nachwirkungen der Eiszeit sind das.

Die nacheiszeitliche Erwärmung hatte die vorher geschlossen großen Areale dieser nordisch-alpinen oder asiatisch-alpinen Arten getrennt und Reste davon in den Alpen als Reliktvorkommen hinterlassen. Wir haben es also bei großen Teilen der alpinen Natur mit Ergebnissen historischer Vorgänge zu tun, die Tausende von Jahren zurückliegen.

Die Eiszeit als Gestalter der Vogelwelt

Sowohl die Verbindungen zu den Vorkommen im Norden, wie auch zu jenen in Asien zeugen von der Eiszeit als Gestalter der alpinen Vogelwelt. Die Typen der Verbreitung, die darauf zurückgehen, bezeichnet man, wie bereits erwähnt, als arkto-alpin. Die Flussvögel, die wir an den größeren Bergbächen und an den alpinen Flüssen antreffen können, gehören gleichfalls dazu. Hierzu zählen etwa Flussuferläufer *(Actitis hypoleucos)*, Gebirgstelze *(Motacilla cinerea)* und Wasseramsel *(Cinclus cinclus)*. Aber ihre Teilvorkommen sind nicht annähernd so stark geografisch getrennt wie bei den typischen arkto-alpinen Arten, weil die Flüsse weit ins Vorland hinausreichen und gleichsam alpine Natur hinaustragen. Das finden wir besonders eindrucksvoll bei manchen alpinen Pflanzen wieder, wie den großen blauen Clusius-Enzianen *(Gentiana clusii)*.

Doch warum »funktioniert« diese Zweiteilung der Vorkommen bei den Vögeln zwischen dem (hohen) Norden und den Alpen? Zwei Hauptgründe gibt es dafür. Beide hängen mit der Flugfähigkeit zusammen. Vögel können schnell bergwärts fliegen, wenn dort günstige Bedingungen herrschen – etwa zum Nisten oder zur Nahrungssuche –, und sie können die unwirtliche, weil so lichtarme Phase des nordischen Winters rechtzeitig verlassen und in den Süden ziehen. Nur wenige Vögel bleiben in der Tundra und in den Randbereichen der Taiga; die Schneehühner vor allem. Sie müssen unter dem Schnee Nahrung finden, oder wie Birk- und Auerhühner von den Nadeln der Nadelbäume und von Knospen leben. Die allermeisten Tundra- und Taigavögel weichen dem Winter aus und fliegen in den Süden. Die Gebirgsvögel tun dies auf kurze Distanz talwärts, oder sie verlagern sich ein wenig ins Vorland. Die Flugfähigkeit bietet große Vorteile. Mancher Bergsteiger schaute mit gewissen Neidgefühlen auf die Vögel, die einfach zum Gipfel fliegen, zu dem man sich Meter für Meter hinaufquält.

Quält ist der passende Ausdruck, denn Kraft und Luft sind erforderlich. Das Atmen fällt schwerer, je höher man hinaufkommt, weil die Luft dünner wird. Den Vögeln macht dies viel weniger aus als

Ein Knicks, und schon stürzt sich die Wasseramsel in den rauschenden Bergbach. Ungeachtet der Strömung sucht sie am Gewässergrund nach Insektenlarven.

Die Gebirgsstelze kann den Künsten der Wasseramsel nur zusehen. Ihr Nahrungsrevier liegt am Bachufer, wo sie reichlich Futter findet.

uns Menschen, sie haben eine bessere Lunge. Was sie einatmen, nutzen sie vier- bis fünfmal effizienter. Das hängt mit dem andersartigen Bau der Vogellunge zusammen. In dieser gibt es kein »totes Restvolumen«. In alpiner Gipfelhöhe zu fliegen, bringt weder große Vögel, wie Adler und Geier, noch kleine, wie Hausrotschwanz, Schneefink und den in der Krummholzzone häufigen Zaunkönig in Atemnot. Aber die hohe Effizienz hat ihren Preis. Die Vögel müssen entsprechend viel Nahrung von energetisch ergiebiger Qualität finden. Trägt ihnen der Wind Insekten und Samen zu, klappt das, sofern der Suchaufwand gering bleibt. Auf Schneefeldern und Gletschern zum Beispiel, aber auch an Felswänden mit günstigen Winden vom Tal her.

Adler und Geier benötigen Fallwild. Ob Steinadler brüten, entscheidet weit weniger, ob sie im Sommer Murmeltiere und Schneehasen erbeuten können. In vielen ihrer alpinen Reviere hängt es vom Fallwild ab, das Lawinen freigeben. Ganz ähnlich verhält es sich mit Wolf und Bär im Hochgebirge. Sie sind, wie gleich bei der Betrachtung der Säugetiere näher ausgeführt wird (siehe Seite 145 ff.), sehr viel stärker abhängig von dem, was sie finden, als von selbst erjagter Beute.

Generell gilt, dass die Vögel im Gebirge scheinbar kleinere Reviere haben als in den weitläufigen Wäldern des Nordens. Aber dort sind die Flächen flach ausgebreitet, und ein kartografischer Quadratkilometer entspricht ziemlich gut einem solchen auf der Bodenoberfläche. Im Gebirge kann dieser aber eine erheblich größere Oberfläche aufweisen, je nachdem, wie steil und zerklüftet die Fläche tatsächlich ist. Fliegt ein Rabe übers Tal, hat er eine viel kürzere Flugstrecke zu bewältigen als ein Fuchs, wenn er von der einen Seite zur anderen gelangen möchte. Um es auf unsere Menschenwelt im engeren Sinne zu übertragen: Die Schweiz hat eine mehrfach größere Oberfläche als die 41 285 Quadratkilometer ihrer offiziellen Landesfläche.

Der Vogelwelt kommt diese Gliederung in der Höhenstruktur dank ihrer Flugfähigkeit zugute. In der Ökologie spricht man in diesem Fall davon, dass sich die verschiedenen Arten auf jeweils spezielle Weise einnischen. Damit vermeiden sie eine allzu große Konkurrenz untereinander und können so gut miteinander auskommen.

Der Schneesperling ist nah mit den Spatzen verwandt. Diese wahren Tausendsassas ziehen fast überall hin mit, wo sich Menschen niederlassen. Nur dem Schneesperling vermögen sie nicht in die Gipfelregionen zu folgen.

Fliegt ein roter »Schmetterling« an einer Felswand, so handelt es sich meist nicht um einen Falter, sondern um den Mauerläufer, eine Besonderheit sonniger Steilwände.

Das »Juwel« unter den Bergvögeln

Werfen wir zum Abschluss der Betrachtung der Bergvögel noch einen etwas genaueren Blick auf das besondere Juwel unter ihnen, den Mauerläufer. Er bezaubert uns mit dem Rot in seinen runden Flügeln und seiner Flugweise, die den Eindruck erweckt, ein großer Schmetterling suche die Wand nach einem günstigen Rastplatz ab. Griffsicher hält er sich mit langen Zehen und spitzen Krallen zwischendurch am Fels fest, wenn er mit seinem gebogenen Schnabel in einer Spalte herumstochert, um ein Insekt oder eine Spinne herauszuziehen. Dass so ein Spezialist ausgerechnet in der rauen Bergwelt überleben kann, verwundert. Eine weitgehend nackte Felswand scheint der am wenigsten geeignete Ort zu sein, um Nahrung zu finden und Junge großzuziehen. Doch der Eindruck täuscht. An bestimmten Felswänden saugen die Luftströmungen kleine Insekten und Spinnen empor. Die Wände wirken dann wie ein riesiges Fangnetz mit wechselnder Maschenweite. Es ist an ihnen keineswegs schwieriger, Nahrung zu finden, wie für die Forelle oder den Saibling im kristallklaren Bergbach. Dort trägt die Strömung immer wieder neue Nahrung herbei. An besonnter Felswand ist es die Luftströmung des Bergwinds. Der Mauerläufer nutzt sie mit seinen breiten, rundlichen Flügeln, die zwischendurch wie ein flexibler Fallschirm wirken. Dieser Flugfähigkeit ist es zuzuschreiben, dass der Mauerläufer einen solchen Speziallebensraum zu nutzen imstande ist. Dass Schönheit mit hinzukommt, macht ihn zu einem Naturjuwel.

< Adler meint auch »edel«. Seit vielen Jahrhunderten dienen die majestätischen Greifvögel als Vorlage für Wappen, um Herrschaftsansprüche anzuzeigen. Der Adler im deutschen Bundeswappen ist allerdings kein Steinadler, wie hier links im Bild zu sehen, sondern ein Seeadler.

> Porträt eines Gänsegeiers. Kopf und Hals sehen bei den Geiern irgendwie missraten aus, und doch sind sie es nicht. Die mächtigen Schnäbel dienen zum Aufreißen von Großtierkadavern und die Gefiederpartien an Kopf und Hals müssen sich leicht von den Blutresten säubern lassen, auch vom übelst stinkenden Inhalt der Gedärme. Diese bilden die bevorzugte Mahlzeit der Geier.

> Feurige Blicke scheint der voll erwachsene, fortpflanzungsfähig gewordene Bartgeier um sich zu werfen. Doch er ist ein harmloser Kadaververwerter und erbeutet höchstens einmal ein halbtotes Lamm. Schön zu sehen ist hier der » Bart« am Unterschnabel, der dieser Vogelart zu ihrem Namen verhalf.

>> Bartgeier färben sich das Brust- und Bauchgefieder an ockerhaltigen Bodenstellen bräunlich rot. Damit signalisieren die erwachsenen Vögel ihre Brutbereitschaft. Es ist dies einer der seltenen Fälle, dass Fremdfarben zur Kennzeichnung des eigenen Status genutzt werden.

Ein Gänsegeier auf dem Marsch. Nicht weil sie gänsegroß sind oder Gänse jagen, erhielten die Gänsegeier ihren Namen. Vielmehr spielt er auf das am Boden gänseartige Watscheln an. Als Geier gehören sie zwar zu den Greifvögeln, doch ihre Zehen sind nicht in der Lage, Beute zu greifen. Daher können Gänsegeier auch nicht jagen, sondern ernähren sich von Kadavern.

Unbeholfen zu Fuß, aber umso virtuoser in der Luft: Gänsegeier sind wahre Flugkünstler. Manchmal segeln sie Hunderte Kilometer ins Umland hinaus und kommen dabei bis Belgien. In alten Zeiten lebten sie auch auf der Schwäbischen Alb, als es dort noch sehr viele Schafe gab, deren Kadaver sie verwerteten. Heutzutage finden sie in den bayerischen und österreichischen Alpen nicht mehr genügend Nahrung, sodass sie nur noch auf Stippvisite zu uns kommen. Zudem bedrohen Arzneimittel, die dem Vieh verabreicht werden, die Geier, weil Rückstände davon in den Kadavern bleiben.

Das Auerhuhn, hier ein prächtiger Hahn in vollem Balzornat, ist eigentlich kein spezieller Gebirgsvogel. Sein Hauptverbreitungsgebiet liegt in den lichten nordischen Nadelwäldern, in denen es viele Ameisen am Boden findet.

Die Auerhennen haben, wie bei Hühnervögeln üblich, ein rindenfarbiges Gefieder. Sie allein tragen die Last des gesamten Brutgeschäfts und müssen daher auf ihre gute Tarnung vertrauen.

Mit den »Roten Rosen« über den Augen, die vom kräftig blauschwarzen Gefieder abstechen, sind die Birkhähne gewiss echte Schönheiten. Das Interesse der Hennen zeigt dies, wenn die Hähne auf einem bestimmten Platz frühmorgens balzen.

An der geringeren Größe lassen sich Birkhennen oftmals am besten von den verhältnismäßig ähnlich aussehenden Auerhennen unterscheiden, zumal wenn man sie nur einen Sekundenbruchteil sieht.

TRITTSICHER OHNE STEIGEISEN

Steinbock, Gämse, Murmeltier

Mit den Vögeln hat unsere Übersicht über die Tiere der Bergwelt begonnen, weil wir sie bei fast jedem Aufstieg sehen oder hören. Viele Arten, die uns aus den Wäldern und Städten im Tiefland bekannt sind, treffen wir auch in den Bergwäldern an. Oder wir hören ihre Rufe und Gesänge. Die Säugetiere hingegen machen sich rar. Stundenlang können wir wandern, ohne eines zu entdecken.

Wer noch wenig Erfahrung mit der alpinen Bergwelt hat, weiß den kräftigen Pfiff nicht zu deuten, der aus dem Hang gegenüber kommt. Vielleicht sind dort andere Wanderer unterwegs, könnte man annehmen, falls das Pfeifen überhaupt wahrgenommen wird. Zu sehr klingt es nach Mensch. Aber es sind eher Gämsen, die mit Pfiffen vor uns warnen. Erstaunlicherweise haben sie diese akustische Verständigung entwickelt, und nicht ein bei ihrem Aussehen näher liegendes Meckern ähnlich wie bei Ziegen. Die Pfiffe können jedoch auch aus ganz anderen Kehlen stammen. Ein Wache haltendes Murmeltier etwa warnt damit seine Artgenossen, die in der Nähe frisches Gras verzehren oder dürr gewordenes zur Auspolsterung ihres unterirdischen Baues sammeln. Schrille Rufe stoßen selbst die Adler aus; Schreie, die nicht gerade »majestätisch« klingen.

In recht hohen Tönen singen viele Bergvögel. Die Gämsenpfiffe passen also durchaus in die Klangwelt des Hochgebirges. Möglicherweise liegt es daran, dass sie sich so und nicht anders entwickelt haben, weil der kurze, heftige Pfiff das fast immer vorhandene Rauschen von Wind und Baumwipfeln gut durchdringt, und die Botschaft damit bei den verschiedenen Arten gleichermaßen ankommt, die da heißt: Gefahr im Verzug! Eine ursprünglich ähnliche Rolle dürfte das Jodeln der Älpler gespielt haben, denn es wird nicht nur in den Alpen praktiziert, sondern ganz ähnlich in Hochgebirgstälern im fernen China.

Große und kleine Säugetiere

Die Gämsen haben durchaus Grund, rechtzeitig zu pfeifen. Auslöser dafür sind gegenwärtig zwar auch Menschen, weil Gämsen vielerorts im Gebirge sehr stark bejagt werden. Aber sie pfiffen längst vorher. Die Warnung meint natürliche Feinde wie den Steinadler, der mit ungestümem Angriff Jungtiere zum Absturz bringen kann, oder gar den Wolf, der im lichten Bergwald jagt.

Gämsen bilden im Gebirge eine ähnlich ergiebige Beute für Wölfe wie Rehe im Tiefland. Allerdings eine viel schwierigere. Denn der sie häufig rettende Vorteil steckt in ihrer Fähigkeit, in steile Felswände

Steinböcke ähneln nicht nur großen Ziegen, sondern sind mit ihnen nahe verwandt. Hier eine Steinbockgeiß mit ihren beiden Kitzen. Bis zu 80 Prozent der Jungtiere überleben den ersten Winter nicht.

hineinzuklettern, die für den Wolf nicht mehr zugänglich sind. Das gilt auch für die größeren, noch trittsichereren Steinböcke. Aber sie kommen nur lokal in den Alpen vor, während die Gämsen in der oberen Bergwaldzone und in der Mattenregion großflächig verbreitet sind.

Verbreitung und körperliche Anpassungen qualifizieren die Gämse am meisten als alpines Säugetier. Mehr sogar als ihre beiden kleinen bis winzigen Gegenstücke großer Säugetiere im alpinen Raum, die Schneemaus *(Microtus nivalis)* und die Alpenspitzmaus *(Sorex alpinus)*. Beide Kleinsäuger illustrieren, wie sich Säugetiere an die Bergwelt angepasst haben. Die Alpenspitzmaus als kleinstes der alpinen Säugetiere mit nur 6,5 bis 12 Gramm Körpergewicht muss das ganze Jahr über, auch im Winter, Insekten, Würmer, Tausendfüßer und anderes Kleingetier verzehren, und zwar so viel pro Tag wie sie selbst wiegt. Das geht nur dort, wo sie unter der Schneedecke aktiv sein kann. In deren Schutz verliert sie bei gemäßigten Temperaturen auch nicht so schnell zu viel von ihrer Körperwärme. Die Schneemaus, die unter den Wühlmäusen tendenziell zwar die größte Art ist, aber mit etwas über 50 Gramm dennoch nicht viel schwerer als eine gewöhnliche Feldmaus des Flachlands wird, lebt im Winter gleichfalls unter dem Schnee. Sie legt sich zudem Nahrungsvorräte an, zum Beispiel Krokuszwiebeln.

Murmeltiere sind sehr gesellig und wachsam dazu. Hat ein Wachposten einen möglichen Fressfeind oder anderen Störenfried entdeckt, warnt er seine Artgenossen mit lauten, schrillen Pfiffen vor der Gefahr.

Lieber in größeren Höhen

In der Höhenzone des Schnees, zumeist über der Waldgrenze, aber nicht allzu fern davon, lebt der Schneehase *(Lepus timidus)*. Er ist mit dem Feldhasen *(Lepus europaeus)* nah verwandt, entwickelt aber im Herbst ein weißes Winterfell. Nur die Spitzen der Ohren bleiben schwarz. Dieses »Schneehemd« tarnt ihn, wenn er an den aus dem Schnee ragenden Stauden frisst, mindestens so gut wie das hasenbraune Fell im Sommer. Da wirkt er auf den grünen alpinen Matten wie ein Erdhaufen, wenn er sich nach Hasenart mit angelegten Ohren auf den Boden drückt.

Der Schneehase ist ein Beispiel für die arktoalpine Verbreitung eines Säugetiers. Der weitaus größte Teil seines Areals liegt im Norden Eurasiens und Nordamerikas in der Waldtundra und der Tundra. In den Alpen stellt er ein Überbleibsel der letzten Eiszeit dar. Dass er in der kalten, im Winter stürmisch-eisigen Höhe überlebt, wird eher verständlich, wenn wir zum Vergleich den Feldhasen betrachten. Dieser hat viele Feinde, abgesehen von der modernen Intensivlandwirtschaft, mit der er seit einem Dreivierteljahrhundert zurechtkommen muss. Greifvögel jagen ihn aus der Luft, der Fuchs ist am Boden hinter ihm her. Marder und Hermelin können jungen Hasen gefährlich werden. Aber am stärksten beeinträchtigen feuchtwarme Frühsommer und Sommer die Hasenbestände. Die Hasen sind als Steppentiere ihrer Natur nach auf trockene Witterung eingestellt. Leben sie unter solchen, gleichen sie mit enormer Fruchtbarkeit die Verluste an die natürlichen Feinde leicht aus. Werden sie aber von Coccidiose, Hasenpest und anderen Krankheiten befallen, was bei feuchter Witterung häufiger geschieht als bei trockener, überleben zu wenige Junghasen.

Hoch oben am Berg in der Mattenregion und im lückigen Baumbestand nahe der Waldgrenze herrschen ähnlich trockene Verhältnisse, wie in den nördlichen (borealen) Wäldern und in der Tundra. Oben am Berg gibt es häufig im Winter zudem reichlich und intensive Sonne, weil die Wolken tiefer liegen. Die Wintersportler schätzen dies und fahren hoch, obwohl es oben kälter ist. Sie praktizieren auf ihre Weise, was die Steinböcke von Natur aus zu Beginn des Winters tun (müssen). Sie weichen dem ungünstigen Wetter weiter unten in höhere,

Eichhörnchen halten keinen Winterschlaf. Um den harten Bergwinter zu überstehen, benötigen sie daher reichlich Nüsse, die sie im Herbst fleißig sammeln und an geeigneten Stellen verstecken.

sonnige und vom Wind zumindest teilweise schneefrei gefegte Hänge aus. Die Gämsen ziehen hinab in den Bergwald. Dort müssen sie mit tiefem Schnee zurechtkommen.

Gämsen und Steinböcke benötigen gleichermaßen einen sehr kompakten Körper mit einem gut isolierenden Fell. Als Wiederkäuer verwerten sie die pflanzliche Nahrung besonders wirkungsvoll. Beide Arten kommen mit karger Kost zurecht, die im Winter zeitweise nur aus dürrem Gras oder harzigen Knospen von Latschen und aus Baumrinde besteht. Das sagt uns zumindest unser Eindruck. Doch die Mikroben, die im Pansen bei der Verdauung der Nahrung intensiv mitwirken, erzeugen so viel Wärme, dass die Steinböcke den Überschuss sogar über die Hörner nach außen abgeben müssen. Das Paar verlängerter Knochenzapfen, die aus dem Schädel ragen und das Horn der Hörner tragen, ist reich durchblutet. Die Steinböcke können regulieren, wie viel Wärme sie über die Hörner abgeben. Die Hirsche hingegen, obwohl noch größer als die Steinböcke, mussten in früheren Zeiten aus dem Bergwald in die Täler wandern und weiter hinaus die Flussauen entlang ins Vorland. Seit ihnen diese saisonale Wanderung verwehrt ist, sind sie weitgehend auf Fütterung in Wintergattern angewiesen.

Strategie im Winter – tief schlafen

Säugetiere sind Warmblüter wie wir. Wird ihre Umgebung sehr kalt, müssen sie in ihren Körpern entsprechend stark »nachheizen«. Dies geschieht auf zweierlei Wegen. Zunächst wird mehr Nahrung aufgenommen, wenn der Bedarf steigt, oder es werden Fettreserven verwertet, die im Sommer, in der Zeit der Fülle, angelegt wurden. Größere und große Säugetiere kommen mit solchen Energiereserven normalerweise durch den Winter. Bei kleineren und kleinen Arten ist das Verhältnis zwischen Körpermasse und Körperoberfläche aber zu ungünstig. Sie müssen entsprechend viel mehr und möglichst auch besonders ergiebige Nahrung zu sich nehmen, oder, als andere Option, sich zurückziehen, die Aktivitäten einstellen und Winterschlaf halten. Genau das ist die Strategie der Murmeltiere. Sie futtern sich im Sommer und Frühherbst einen Fettvorrat an, werden dick und halten Winterschlaf mit stark gesenkter Körpertemperatur. Erst wenn es im nächsten Frühjahr warm genug geworden ist und die Pflanzen erneut sprießen, von denen sie sich ernähren, kommen sie wieder hervor.

Einige andere kleine Säugetiere halten ebenfalls Winterschlaf. Bei uns tun dies alle Fledermäuse, auch die zwar Alpenfledermaus *(Pipistrellus savii)* genannte Art, die aber nur am Südwestrand der Alpen vorkommt. Siebenschläfer *(Glis glis)* gehören zu den Winterschläfern, nicht aber die ihnen ähnlichen, erheblich größeren Eichhörnchen *(Sciurus*

Ein Rotfuchs auf Pirschgang. Meist sind die Füchse hinter fetten Schneemäusen und anderen Kleinsäugern her, doch auch sie brauchen im Winter größere Kadaver, damit sie durch die kalte Jahreszeit kommen.

Gämsen auf der Flucht. Weniger hals-, mehr beinbrecherisch sehen ihre Sprints aus, wenn die Gämsen durch felsiges Gelände rennen. Manch eine stürzt ab und wird zum willkommenen Kadaver für andere Tiere.

vulgaris). Diese schlafen zwar im Winter mehr als im Sommer und hüpfen nicht so viel herum, senken aber ihren Stoffwechsel nicht ab. In den Alpen leben hauptsächlich bis ausschließlich dunkelbraune bis fast schwärzliche Farbvarietäten des Eichhörnchens. Die hellroten Hörnchen vom Stadtpark wird man auf einer Bergtour also kaum jemals antreffen.

Mit der Energie haushalten

Säugetiere gehen also mit ihrem Energiehaushalt auf verschiedene Weise um. Stets gilt, die Ausgaben so gering wie möglich zu halten, außer die Reserven sind groß. Das ist der Fall bei wohlgenährten Steinböcken, die Anfang des Winters mit der Brunft und den dabei auftretenden, eindrucksvollen Kämpfen beginnen. Die Böcke krachen mit ihren Hörnern so sehr aneinander, dass man befürchten könnte, ihre Schädel müssten zerspringen. Dies geschieht jedoch nicht. Aber die Brunft kostet Kraft und Kondition. Das Steinwild steht diese so fordernde Zeit durch, weil es oben im Fels das findet und abweiden kann, was wir »würzige Bergkräuter« nennen.

Auch den Gämsen geht es mit Knospen und der nährstoffhaltigen Rinde junger Bäume nicht schlecht. Es ginge nicht schlecht, ist einzuschränken. Denn werden diese scheuen Tiere gerade im Winter zu oft gestört, verlieren sie rasch an Kondition. Das kann sie das Leben kosten. Auf jeden Fall vernichten jegliche Störungen viele Jungbäume im Bergwald, da die Gämsen zum Ausgleich der erhöhten Ausgaben

an Energie umso mehr fressen müssen, je häufiger sie vor Wintertouristen zur Flucht genötigt sind. Fehlt die Naturverjüngung im Bergwald, werden die Hänge anfälliger für Lawinen- und Murenabgänge. Viele kleine, für sich ganz unbedeutend erscheinende Effekte summieren sich auf diese Weise zu gefährlichen Umweltproblemen. In Rückwirkung können sie für Menschen tödlich werden.

Bär, Wolf, Luchs – zurück in den Alpen

Problemen anderer Art sieht sich die Almwirtschaft ausgesetzt, seit Braunbär und Wolf zurückkommen. Das Weidevieh wird bedroht. Tatsächlich fallen Schafe und vielleicht sogar Jungrinder dem Wolf zum Opfer. Man hatte diese Raubtiere ausgerottet, weil sie den Bauern Vieh raubten. Und nun sollen diese als geschützte Arten wieder einziehen dürfen in ihre früheren Vorkommensgebiete! Das ist der Almwirtschaft schwer zu vermitteln, wenngleich sie bedenken sollte, wie sehr sie seit Jahrzehnten von der Gesellschaft mit Subventionen unterstützt wird. In Regionen Europas, in denen Bär und Wolf nie ausgerottet wurden, arrangierte man sich mit Herdenschutzhunden. Von solchen das Weidevieh auf Almen bewachen zu lassen, die von vielen Wanderern besucht werden, geht aber nicht so leicht. Das Vieh läuft auf Bergwiesen umher, die meistens nicht eingezäunt sind. Gute Hirtenhunde schützen ihre Herde vor allem, was sie als bedrohlich einstufen, also eventuell auch vor Menschen. Die Hunde müssen also sehr speziell ausgebildet werden, um die Anforderungen zu erfüllen, die alpiner Tourismus und alpine Weideviehhaltung mit sich bringen.

Das wäre nicht so problematisch, wenn es nicht die Ansammlung von Vieh wäre, die die Wölfe anzieht und mitunter auch Bären anlockt. Denn Tiere der Größe von Weidevieh gäbe es von Natur aus kaum im Bereich der Matten und Bergwiesen. Gämsen und Steinböcke weichen in den Schutz der Felswände aus, wenn tierische Gefahr droht. Schafe und Rinder können das nicht. In dieser unnatürlichen Situation steckt der Kern der Problematik. Ein akzeptables Miteinander wird nicht leicht zustande zu bringen sein.

Am ehesten geht es in großen Schutzgebieten, wie dem Schweizer Nationalpark, in dem seit über hundert Jahren nicht mehr gejagt wird. Dort dürfen sich Wald und Wild weiter entwickeln. Sie bleiben sich selbst überlassen. Wolf und Luchs, der für die Weideviehhaltung allerdings keine Rolle spielt, aber Rehe jagt, können zeigen, ob ihr gemeinsames Wirken ausreicht, die Wildbestände so zu regulieren, dass der Wald nicht zugrunde geht. Doch wo stellt man der Natur so große Flächen zur Verfügung? Alles ist längst irgendwie aufgeteilt und vom Menschen in Besitz genommen.

Braunbären und Luchse waren mehr als 100 Jahre lang ausgerottet in den Alpen. Dank des allgemeinen EU-Schutzes gelingt langsam ihre Wiederkehr. Aber viele Alpenbewohner sind gegen diese »Raub«-Tiere.

Wollig wärmend ist das Fell der Gämskitze, aber zum Winter hin muss es struppig werden, damit Wasser und Schnee abfließen und die Nässe nicht bis zur Haut durchdringt. So ist der Gämsennachwuchs gut geschützt vor den harten Witterungsbedingungen in der kalten Jahreszeit.

Die Gämsen kennzeichnen maskenhafte Gesichter. Wofür diese markante Streifung gut ist, weiß man nicht so recht. Vielleicht hält es Fliegen von den Augen fern, die stets wachsam blicken müssen.

>> **Mit großer Wucht** schlagen die Steinböcke während der Brunftkämpfe mit ihren Hörnern aufeinander ein. Die Stöße sind so heftig, dass manchmal ein Horn abbricht. Die Steingeißen, um die es bei diesen Kämpfen geht, geben sich derweil völlig uninteressiert am Geschehen.

Murmeltiere leben in geräumigen Bauen im Boden. Jeder Bau weist einen zentralen Wohnkessel auf, in dem sich die Nagetiere bei kalter Witterung zusammenkuscheln können. Dort, frostsicher unter der Erdoberfläche, verbringen sie den Winter in einem Starrezustand, Torpor genannt. Um den langen Winterschlaf unbeschadet zu überstehen, ist es angeraten, sich über den Sommer und Herbst hinweg reichlich Speck anzufuttern und schön mollig dick zu sein.

Dachse kommen im Gebirge nur in den tieferen Regionen vor. Ihr bevorzugter Lebensraum sind talnahe Wiesen und Weiden, die mit reichlich Regenwürmern im Boden aufwarten. Den Winter verschlafen Dachse in ihrem unterirdischen Bau, den sie beizeiten kuschlig ausgepolstert haben und der sie trocken und warm hält. Trotz ihrer kräftigen Krallen könnten sie den gefrorenen Boden nicht öffnen, um an Würmer und anderweitige Nahrung zu gelangen.

ZART, ABER ZÄH

Hart im Nehmen – die kleinen Tiere

Gämsen widerstehen mit ihrer Körpermasse der Härte des Lebens im Hochgebirge. Vögel weichen dem Bergwinter aus und fliegen dorthin, wo günstigere Verhältnisse herrschen. Aber wie kommen all die kleinen Tiere zurecht, die Strahlungshitze und sturmverstärkter Kälte ausgesetzt sind? Hagel kann sie treffen, fast aus blauem Himmel heraus, oder ein Wetterwechsel wie vom Sommer zum Winter im Lauf eines einzigen Tages! Wie schaffen es so zartflügelige Falter, wie der Hochalpen-Apollo *(Parnassius phoebus)*, in der rauen Bergwelt zu überleben? Wie kann ein gerade mal zeigefingerlanger Salamander überhaupt ein Bein vor das andere setzen, wenn es so kalt ist dort oben und sein Körper keine eigene Wärme erzeugt? Hummeln beispielsweise besuchen die Blüten der Alpenblumen in mehr als 2000 Meter Höhe, als ob dies das Normalste für sie wäre.

Tatsächlich sind all diese Tiere erheblich anderen Herausforderungen ausgesetzt als die Vögel und die Säugetiere mit ihrer »inneren Heizung«, die so schön warm hält. Das Leben und Überleben von Molch und Schlange, Falter und Urinsekt vermitteln uns gute Einblicke auch dazu, wie die Kleinen der Pflanzenwelt in der Bergeshöhe überleben und den widrigen Umständen trotzen. An und bei ihnen leben die Raupen der weitaus meisten Arten der Gebirgsschmetterlinge. Das Mikroklima in der Pflanzendecke entscheidet über Leben und Tod.

Apollofalter kommen in den Alpen in drei verschiedenen Arten vor. Hochalpen-Apollo und Roter Apollo (hier im Bild) tragen rote Flecken. Dem Schwarzen Apollo fehlen solche. Er fliegt auch mehr in den Tälern.

Lebendgeburten als nützliche Strategie

Beginnen wir die Tierschau der Kleinen mit der Kreuzotter *(Vipera berus)*. Wir können sie auf sonnigen Pfaden morgens und am frühen Vormittag antreffen, wenn sie sich aufwärmt. Zusammengerollt wie eine dicke Diskusscheibe liegt sie da. Das dunkle Zackenband, das über ihren Rücken verläuft, charakterisiert sie auf den ersten Blick. Allerdings nicht immer, denn es gibt auch schwarze Formen, »Höllenotter« im Volksmund der Bergler genannt. Von der harmlosen Ringelnatter, die ähnlich dunkel getönt sein kann, lässt sie sich am nahezu dreieckigen, vom Körper deutlich abgesetzten Kopf unterscheiden. Das geht gut, sofern man sie aus der Nähe betrachtet. Meistens gleitet sie, alarmiert vom festen Tritt der mit Bergschuhen des Weges kommenden Wanderer, schon auf einige Meter Distanz davon.

Kreuzottern sind zwar giftig, beißen aber nur, wenn man sie sehr bedrängt oder auf sie tritt. Ihr Gift verursacht in der Regel keine schlimmen Schäden und führt kaum jemals zum Tode, doch ihr Biss ist schmerzhaft. Giftiger ist ihre nahe Verwandte, die

Aspisviper *(Vipera aspis)*. Sie kommt an den Hängen der südwestlichen Alpenausläufer vor, die der mediterranen Wärme ausgesetzt sind.

Die Kreuzotter, die schwarze Form insbesondere, führt uns – wenn wir das Glück haben, eine zu treffen und eine Weile beobachten zu können – vor Augen, wie wichtig das Sonnen ist. Ein schwarzer Körper nimmt Wärme schneller auf als ein heller. Sonnenwärme hat die Otter, sofern es ein Weibchen ist, sogar in doppelter Weise nötig. Erstens um selbst warm genug zu werden für die Muskeltätigkeit. Zweitens um zu »brüten«, wenn sich im Körper der Weibchen junge Kreuzottern entwickeln. Diese stecken in den Eihüllen. Wenn sie groß genug sind, werden sie geboren. Die Kreuzotter behält ihre befruchteten Eier im Körper. Sie legt diese nicht wie die Ringelnatter an geeigneter Stelle ab, wo sie zur Entwicklung der schwankenden Aufwärmung durch die Sonne und der Fäulniswärme der sie umgebenden, sich zersetzenden Pflanzen ausgesetzt sind. Die Kreuzotter kriecht dorthin, wo die von außen kommende Wärme für ihre Eier günstig ist. Weder zu heiß noch zu kühl darf es sein. Trächtig zu sein, behindert sie zwar bei der Fortbewegung, weil ein dicker Bauch langsamer macht, aber dafür kann die Kreuzotter je nach Gegebenheit passend warme Orte aufsuchen. Da sie ihre Jungen lebend gebärt, kommt sie unter allen Schlangen in den Bergen in beträchtlich größerer Höhe vor, und ihr Verbreitungsgebiet reicht viel weiter polwärts bis Nordskandinavien.

Eine ähnliche Lebensweise führt die Bergeidechse *(Zootoca vivipara)*. Wie ihr wissenschaftlicher Name verrät, ist auch sie lebendgebärend. Sie sonnt sich viel, wo immer das geht. Die dunkle Färbung schützt dabei vor »Sonnenbrand«, den die im Hochgebirge starke UV-Strahlung schnell verursachen würde. Diesem Grundsatz folgend ist auch der Alpensalamander *(Salamandra atra)* schwarz wie eine Höllenotter. »Bergmännlein« wird er regional genannt. Die starke Pigmentierung verhindert die verbrennende Wirkung der Strahlung, der das nur fingerlange, sehr langsame Tierchen ausgesetzt ist, sofern es nicht schnell genug einen schützenden Unterschlupf findet, wenn die Wolken gerade die Sonne freigegeben haben. Eine dunkle Färbung ist gleichzeitig auch ein

Der Biss der Kreuzotter ist giftig, für Kleintiere auch tödlich, für Menschen jedoch meist nicht lebensgefährlich. Verschiedene Mäusearten bilden die Hauptbeute.

Die Aspisviper ist das mediterrane Gegenstück zur Kreuzotter. Sie hat eine ähnliche Lebensweise wie diese, aber einen wesentlich höheren Wärmebedarf.

Lebende Junge bringen die rein schwarz gefärbten Alpensalamander zur Welt. Hier ein Weibchen mit seinen beiden Jungtieren.

guter Sonnenschutz – wie die Bräunung, die wir im hellen Berglicht entwickeln. Sie verbessert also nicht nur die Wärmeaufnahme.

Grasfrosch und Bergmolch

Um Wärme geht es vornehmlich bei zwei Lurcharten, die ziemlich hoch im Gebirge vorkommen können: Grasfrosch *(Rana temporaria)* und Bergmolch *(Ichthyosaura alpestris)*. Letzterer ähnelt in Größe und Dunkelfärbung der Rückenseite einem Alpensalamander, aber anders als dieser hat er einen rotorangefarbenen Bauch. Bergmolche suchen im Frühjahr – je nach Höhenlage zwischen April und Juni – kleine Gewässer auf, in denen sie laichen. Sie bevorzugen dazu fischfreie Schmelzwassertümpel, die gut besonnt sind, denn in solchen setzen die unauffällig bräunlichen Grasfrösche ihre umso auffälligeren, weil bis zu kindskopfgroßen Laichballen ab. Diese gehen nicht unter, sondern schwimmen an der Wasseroberfläche. Dabei nehmen sie so viel Sonnenwärme auf, dass sich die Eier trotz der Kälte des sie umgebenden Wassers entwickeln können.

Der Froschlaich breitet sich wenige Tage nach der Abgabe fladenartig an der Wasseroberfläche aus und ist ein begehrter Leckerbissen für Bergmolche, denn Froscheier bilden eine ergiebige Nahrungsquelle. Ansonsten sind die Molche darauf angewiesen, Mückenlarven zu erbeuten. Nahrung gibt es nicht gerade reichlich in den oft nur wenige Monate existierenden Kleingewässern.

Beide, Grasfrosch wie Bergmolch, leben auch weit verbreitet im Alpenvorland oder im Flachland,

Grasfrosch mit Stechmücken. Die kleinen Blutsauger sind keineswegs wählerisch. Ist kein Menschenblut zu erreichen, begnügen sich Stechmücken auch mit dem von Fröschen. Ob es die dann auch so juckt?

wo es Kleingewässer ohne Fische gibt. Fische sind ihre Feinde und Konkurrenten. Sie müssen ihnen ausweichen. Die Kleingewässer am Berg bieten eine bessere, weil fischfreie Welt, obwohl die Lebensbedingungen darin schwer zu meistern sind.

Artenreiche Gewässerfauna

Das Tierleben in den Berggewässern ist tatsächlich erstaunlich reichhaltig. Nur bleibt es zumeist rar, weil Tümpel und Bergbäche so nahrungsarm sind, dass man kaum etwas mitbekommt – von einer unangenehmen Ausnahme abgesehen. Folgen wir im Frühsommer einem rauschenden Bergbach mit Postkartenszenerie, juckt es plötzlich ganz übel an den Waden, die man offen gehalten hat, weil die Bergluft angenehm kühlt, wenn die Muskeln stark in Anspruch genommen werden. Rote Punkte bilden sich, oft mit einem hellen Mittelpunkt. Stiche von Kriebelmücken sind es, winzige Blut saugende Fliegen der Familie Simuliidae. Ihre Larven leben in den Bergbächen. Sie sitzen auf flach überströmten Steinen meistens in Gruppen beisammen und sehen aus, als ob ganze Partien dicker Kommata auf die Kiesel gemalt worden wären. In dieser Position filtern die Larven kleinste Teilchen, wie Bakterien und Mikroalgen, aus dem schnell darüber hinweg fließenden Wasser. Was sie bekommen, ist nicht viel. Es reicht für die Entwicklung zum fertigen Insekt. Doch die geschlüpften Weibchen tragen im kleinen Fliegenkörper nicht genügend Proteine, um Eier erzeugen zu können. Diese müssen sie sich mit Blutsaugen holen. Menschen sind eine ideale Blutquelle dank der dünnen, ungeschützten Haut. Mit ihren Stichen verweisen die Kriebelmücken, wie auch die viel größeren Bremsen, die an feuchten Stellen auf Talwiesen vorkommen, was die Hochweiden, die Almen, so attraktiv für die Viehwirtschaft gemacht hat: Es gibt dort oben viel weniger Blutsauger als unten in den Flussniederungen mit ihrem Weideland. Stechmücken und gewöhnliche Bremsen sind rar oder kommen gar nicht mehr vor, wenn wir hoch genug gestiegen sind. In der Tundra ist das ganz anders. Dort, und nicht etwa im üppigen Regenwald, gibt es die bei Weitem größte Stechmückenplage.

Zarte Schönheit in rauer Bergwelt

Mit der Betrachtung der uns lästigen Kriebelmücken befinden wir uns bereits im Bereich der Insekten, auf die wir mehr als nur einen beiläufigen Blick werfen

Zur Fortpflanzungszeit im Frühjahr nach der Schneeschmelze tragen die Bergmolche ihr Prachtkleid, die sogenannte Wassertracht. Nach der Paarung verlassen sie das Gewässer und leben den Sommer über an Land.

wollen, denn in der Bergwelt gibt es wunderschöne Schmetterlinge und Käfer. Einer der schönsten Falter trägt sogar den Namen der antiken Götterschönheit Apoll, der Apollofalter. Drei Arten kommen in unseren Bergen vor, weitere in anderen Gebirgsregionen bis zum Himalaja, sogar im Alpenvorland in kalkfelsigen Mittelgebirgsregionen und auch im hohen Norden. Dieser dortige Apollo gehört zu jenen zahlreichen Tier- und Pflanzenarten mit der schon wiederholt angeführten arkto-alpinen Verbreitung.

Von »unseren« Arten, dem Schwarzen Apollo *(Parnassius mnemosyne)*, der in den Alpentälern fliegt, über den Roten Apollo *(Parnassius apollo)* größerer Höhenlagen bis zum Hochalpen-Apollo *(Parnassius phoebus)*, der nur im Hochgebirge vorkommt, spannt sich der Bogen dieser Falter, die mit ihren zarten Flügeln so gar nicht in die raue Bergwelt zu passen scheinen. Diese Flügel dienen dennoch mehr der Wärmeaufnahme, wie bei den meisten Tagfaltern, als dem Flug über größere Strecken. Solche nehmen die Apollos kaum vor. Das Risiko, vom Wind in ungeeignetes Gelände verweht zu werden, ist viel zu groß. Doch wenn sich der Apollo einmal aus der Nähe betrachten lässt, so erkennen wir, dass sein Körper und die Ränder der Hinterflügel dunkel sind, sodass sie Sonnenwärme zum Körper leiten können. Es sind jedoch besonders ihre Raupen, die den Wechsel von Hitze bis zu Frost ertragen müssen. Sie brauchen sehr lange für ihre Entwicklung und halten sich weitestgehend im Verborgenen an den *Sedum*-Arten, an denen sie fressen.

Über den Bergwiesen, zumal über blütenreichen, taumeln viele weitere, beträchtlich kleinere Tagfalter. Manche sind dunkel und nehmen mit ausgeklappten Flügeln immer wieder Wärme auf. Andere tragen auf brauner Grundtönung Fleckenzeichnungen, die die verschiedenen Arten kennzeichnen. Tarnung bewirkt das Muster der Färbung und Zeichnung, das interessierte Menschen zum Erkennen der verschiedenen Arten nutzen. Andere, wie die Männchen der Gruppe der Bläulinge, schimmern mit Himmelsglanz, wenn das Licht in passender Weise auf ihre ausgebreiteten Flügel fällt.

Doch wie eindrucksvoll die Vielfalt der am Tag fliegenden Falter auch sein mag, sie stellen nur einen geringen Teil aller im Hochgebirge lebenden Schmetterlinge. Die weitaus meisten Arten, drei Viertel des Spektrums und mehr, bleiben sehr versteckt in der Vegetation oder werden nur nachts aktiv, in warmen

Nächten natürlich. Sitzt man in solchen in Passnähe an einer Berghütte, kann man Nachtfalter geradezu in Massen vorbeieilen sehen.

Manche Arten überqueren die Alpen in noch größeren Mengen als dies die Zugvögel tun. Solche Wanderfalter fliegen in den Süden zum Überwintern und kehren im Frühjahr oder Frühsommer zurück, wo sie sich nördlich der Alpen fortpflanzen. Doch anders als bei den Zugvögeln sind dies Falter jeweils aufeinanderfolgender Generationen. Einige machen den Zug übers Gebirge regelmäßig, andere nur in manchen Jahren in langjährigen Abständen, dann aber gleich in solchen Massen, dass sie wie ein Schneesturm aus Schmetterlingsflügeln daherkommen. Viele Arten wandern einzeln, wie die kleinen, den Kolibris ähnelnden Taubenschwänzchen *(Macroglossum stellatarum)*. Noch viel mehr als Schmetterlinge sind kleine und größere Fliegen unterwegs über die Alpen, im Spätsommer und Herbst insbesondere, und schwirren an uns auf Bergwanderungen vorbei.

Die Schönen und die Skurrilen

Dennoch wirken die Berge und Täler durchaus wie Inseln, auf denen sich ein Eigenleben von Insekten und anderen kleinen Tieren entfaltet. Wer zu Fuß unterwegs ist und nur wenige Millimeter groß, gelangt nicht über die Pässe in die Nachbartäler, oder von einem Gipfel zum anderen hinüber. Räumliche Isolation fördert Vielfalt, zum Beispiel bei Käfern

Taubenschwänzchen werden oft mit Kolibris verwechselt, die aber gewiss nicht in den Alpen vorkommen. Die kleinen Schwärmer wandern alljährlich über die Berge nach Norden, und ihre Nachkommen fliegen zurück.

Stattlich groß und wunderschön mit langen Fühlern – so lässt sich der Alpenbock charakterisieren. Er gilt als Juwel unter den Bockkäfern und kommt vor allem in buchenreichen Bergwäldern vor.

und bei Kleingetier im Boden. Die Alpen erreichen dadurch eine insgesamt immense Biodiversität. Österreich hat mehr Tier- und Pflanzenarten als Deutschland, obwohl es der Fläche nach beträchtlich kleiner ist. Dieser Befund trifft genauso zu für die Pflanzenwelt, wie ab Seite 170 näher erläutert wird.

Doch davor sollen noch einige Insektenarten hervorgehoben werden, weil sie zu den besonders schönen oder den sehr skurrilen gehören. Eine echte Attraktion ist der Alpenbock *(Rosalia alpina)* – ein großer Bockkäfer, der aussieht, als hätte ihn ein moderner Künstler bemalt. Seine Larven leben im Holz alter Buchen und entwickeln sich ähnlich wie die vom noch größeren Hirschkäfer dies in alten Eichen tun. Diese Käferschönheit gehört damit nicht in den hochalpinen Bereich, sondern in die untere Bergwaldstufe, in der Buchen häufig sind oder von Natur aus vorkommen würden, ließe man sie wachsen.

In ähnlicher Position, aber auf sonnig-trockenen grasigen Hängen am Südostrand der Alpen, lebt die Gottesanbeterin, genauer die europäische *Mantis religiosa*. Mit ihren erhobenen Fangbeinen, die man in früheren Zeiten als Anbetungshaltung gedeutet hatte – daher auch ihr Name –, lauert sie auf andere Insekten, schlägt blitzschnell zu und hält sie mit festen, sehr spitzen Dornen an den Fangbeinen fest. In dieser Position verzehrt sie Heuschrecken, Fliegen, oder was immer sie erbeuten konnte – mitunter auch ein Männchen ihrer Art, das mit ihr noch kopuliert. Verständlich, dass man früher mit Abscheu über

Bis an den Südfuß der Alpen reichen die Vorkommen der mediterran verbreiteten Gottesanbeterin. Bei der Paarung, hier im Bild zu sehen, fressen die Weibchen mitunter ihren Partner auf.

diese scheinheilige Anbeterin gesprochen hatte, die ihren Gatten noch während des Aktes auffrisst. Inzwischen wissen wir zwar, dass dies gar nicht so häufig geschieht, sondern meistens eine Folge des Eingesperrtseins in einem Glas war, in dem das Paar zur Beobachtung gehalten wurde. Aber es kann durchaus vorkommen. Der Körper des verzehrten Männchens wird in Eier »umgesetzt« und lebt genetisch in seinen Nachkommen fort.

Seltsames, wahrlich Seltsames lässt sich am Bergpfad beobachten, wenn wir uns die Zeit dazu nehmen. Zum Beispiel die Balzflüge von Schnarrheuschrecken *(Psophus stridulus)* an Trockenhängen in mittlerer Höhe oder in Talnähe an Flüssen wie der oberen Isar. Die Männchen dieser Heuschrecke springen häufig gemeinsam in die Luft und drehen mit lautem Schnarren einen mehrere Meter langen Halbbogen, bis sie wieder landen. Dabei leuchten ihre kräftig karminroten Hinterflügel auf; ein bezauberndes Schauspiel. Und es gäbe noch so viel mehr!

Flöhe auf Schnee und Eis

Ein Insekt muss aber noch angeführt werden, weil es den wie ein Scherz wirkenden Namen »Schneefloh« trägt. Schneeflöhe gibt es wirklich. Mehrere Insekten tragen sogar diese Bezeichnung, weil sie tatsächlich auf dem Schnee umherhüpfen, zeitweise zumindest. Die seltsamsten Schneeflöhe sind winzig kleine Insekten, die man zu den »Urinsekten« rechnet, weil sie keine Flügel ausbilden und auch sonst sehr urtümliche Körpermerkmale tragen. Wie grober Ruß liegen sie mitunter auf dem Schnee und fangen zu hüpfen an wie Flöhe. Dies ermöglicht ihre Springgabel am Bauch. Auf den Schnee gewehte Pollen und sich an der Schneeoberfläche entwickelnde, mikroskopisch kleine Algen bilden die Nahrung der Schneeflöhe. Verwandte davon leben in Wäldern, vermehren sich dort in manchen Jahren in Massen und wandern im Spätwinter über den Schnee wie lebendig gewordener Ruß.

Die Atmung setzt Grenzen

Zu den echten Insekten gehören die »Gletscherflöhe« genannten und erheblich größeren Arten, die sich auch mit bloßem Auge als Insekt erkennen lassen. Blenden wir mit diesen Sonderlingen zurück zu der Frage, warum die Insekten hoch oben am Berg, sogar auf Gletscherhöhe, keine Schwierigkeiten mit der Atmung bekommen. Für die Vögel war klargestellt, dass das an ihrem viel besseren Bau der Lunge liegt. Die Insekten haben aber überhaupt keine Lunge. Sie atmen auf völlig andere Weise. Von Atemöffnungen an ihrem Hinterleib reichen feine Röhren in noch feinerer Verästelung bis direkt zu den Muskeln im Körper. Tracheen sind es. Dank der Kleinheit der Tiere reicht dieses Atmungssystem aus, um die Muskulatur mit Sauerstoff zu versorgen und das auszuatmende Kohlendioxid abzuführen. Aber nur wegen ihrer Kleinheit. Würde das Insekt so groß wie ein Kleinvogel, verliefe so ein Gasaustausch zu langsam.

Die Atmung setzt Grenzen, auch bei Säugetieren. Nur nicht so offensichtlich, weil diese Tiere die Möglichkeit haben, bei Bedarf mehr rote Blutkörperchen zu produzieren, was den Sauerstofftransport verbessert. Menschen, die seit vielen Generationen hoch im Gebirge leben, auf dem Tibetischen Hochplateaus oder den Hochanden in Peru und Bolivien zum Beispiel, haben mehr rote Blutkörperchen und eine größere Lungenkapazität als Menschen, die in tieferen Lagen siedeln. Dennoch gilt: Der Körpergröße werden von der Atmung Grenzen gesetzt. Gänse und Kraniche können über den hohen Himalaja fliegen, allerdings nur, weil sie gänsegroß in ihrer Körpermasse sind. Der Vogel Strauß könnte das nicht, auch wenn er noch so große Flügel trüge. Faustgroße Insekten gibt es nicht. Was oben am Berg vorkommt, gehört zu den Kleinen und Kleinsten.

Die Mannigfaltigkeit der Insekten ist trotz physischer Beschränkungen erstaunlich groß. Ihr kommt zugute, dass auf den Bergwiesen und Almen kaum jemals Pflanzenschutzmittel eingesetzt werden. Deshalb finden wir an den Blüten stets auch viele Bienen wild lebender Arten – von winzig kleinen Formen bis zu großen Hummeln. Diese isoliert ihr dichter Pelz so gut, dass sie bis in höchste Höhen Blüten besuchen können. Ihr Körper bleibt warm, ja geradezu heiß mit an die 40 Grad Celsius. Nektarreiche Blüten liefern den Treibstoff für den Hummelflug.

Spezialisierte, kältetolerante Hummeln leben im sommerlichen Hochgebirge und nutzen den Blütennektar als Energiequelle. Ihr Körper wird bis um die 40 Grad Celsius warm.

Die Ringelnatter ist schnell und ungiftig. Sie braucht Wassernähe und Frösche oder kleine Fische zur Ergänzung ihrer Nahrung. Gelbe Halbmonde am Hinterkopf sind ihr Markenzeichen.

Die Blindschleiche ist eine Echse und keine Schlange. Doch wie die Kreuzotter bringt auch sie lebende Junge zur Welt. Dies ermöglicht ihr, in größeren Höhen im Gebirge vorzukommen. Es gibt kupferfarbene und bläulich graue Formen dieser Schleichenart.

»Grün vor Zorn«, könnte man meinen, werden die Männchen der Zauneidechsen zur Fortpflanzungszeit. Kommen sich zwei etwa gleich starke Rivalen in die Quere, kämpfen sie heftig miteinander. Dabei kann auch Blut fließen. In den Alpen kommen Zauneidechsen nur in sonnig-warmen Regionen vor.

Kaum ist das Eis der Bergtümpel geschmolzen, beginnt die Paarungszeit der Grasfrösche. Hat ein Männchen eine Partnerin gefunden, springt es auf ihren Rücken, umklammert sie und lässt so schnell nicht mehr los. Von allen europäischen Fröschen kommen Grasfrösche am höchsten im Gebirge und am weitesten im hohen Norden vor.

Die großen Laichballen der Grasfrösche breiten sich bald, nachdem sie die Weibchen abgelegt haben, flach auf der Wasseroberfläche der Gebirgstümpel aus. Die schwarze Oberseite der Eier, die in einer dicken Gallerthülle stecken, nimmt so am besten die Sonnenwärme auf, die für die Entwicklung des Laichs erforderlich ist.

< **Der Segelfalter** *(Iphiclides podalirius)* ist nah mit dem Schwalbenschwanz verwandt. Dies erkennt man unschwer an den langen »Schwänzchen« der Hinterflügel. Er kommt aber nur an den warmen Süd- und Südwestflanken der Alpen vor.

> **Der Distelfalter** *(Vanessa cardui)*, ein ausdauernder Wanderfalter, fliegt in manchen Jahren zu Millionen von Afrika kommend über die Alpen.

Der Dukatenfalter *(Lycaena virgaureae)* ist ein Angehöriger der Familie der Bläulinge. Die Männchen tragen flammendes Goldrot auf der Oberseite der Flügel. Der kleine Falter kommt auf feuchten Berglichtungen vor.

EDLES WEISS, KÖNIGLICHES BLAU

Fest verwurzelt – wie Pflanzen überleben

Sehen wir uns nun die Bergblumen etwas genauer an. Etwas genauer ist tatsächlich so zurückhaltend gemeint, denn die Pflanzenvielfalt der Alpen ist so groß, dass es tragbare Bestimmungsbücher kaum schaffen, sie umfassend darzustellen, auch wenn sie sich nur auf das Allernötigste an Informationen beschränken. Fast 4500 verschiedene Pflanzenarten gibt es in den Alpen. Eigentlich sind es über 13000, aber in diese Menge werden auch die Moose, Farne und vor allem die Flechten mit hineingepackt sowie weitere, noch weniger bekannte Pflanzengruppen, die nicht zu den Gefäßpflanzen zählen. Nur Letztere umfassen Blumen, Bäume und Sträucher.

Drei Vertreter fallen uns sofort ein, wenn nach Alpenpflanzen gefragt wird: Edelweiß, Enzian und Alpenrose. Das Edelweiß *(Leontopodium alpinum)* ist tatsächlich eine spezielle und für das Hochgebirge ganz typische Art. Bei Enzian und Alpenrose handelt es sich hingegen um mehrere bis viele Arten. Dass ausgerechnet das Edelweiß einen so besonderen Ruf hat, liegt sicher mehr an den vielen, mitunter lebensgefährlichen Mutproben, die einst mit diesem Blümchen verbunden waren. Im nordalpinen Bereich insbesondere, ist einzuschränken, denn alpensüdseitig kommt es gebietsweise ziemlich häufig und an leichter zugänglichen Stellen vor. So häufig sogar, dass man durchaus – beispielsweise im Gran-Paradiso-Nationalpark – erleben kann, wie Steinböcke mit sichtlichem Genuss Edelweiß fressen.

An der Alpennordseite wächst und blüht es dagegen in recht geringer Häufigkeit an Felsbändern steiler Südhänge, die ohne moderne Kletterausrüstung schwer zu erklimmen sind. Ein Edelweiß mitzubringen war bis ins frühe 20. Jahrhundert ein Leistungs- und Liebesbeweis für die Angebetete. Um zu verhindern, dass es in den Nordalpen ausgerottet wird, wurde es als eine der ersten Pflanzen überhaupt unter Naturschutz gestellt.

Seltenheit und schwierige Erreichbarkeit begründeten den Ruhm dieses an sich unscheinbaren Pflänzchens, das zu den Korbblütengewächsen gehört. Damit ist es verwandt mit Disteln und Löwenzahn. Was wir als Blüte empfinden, ist beim Edelweiß eine Scheinblüte, gebildet von fünf bis sieben schmalen, seitlich abstehenden Hochblättern. Die eigentlichen Blüten sitzen dicht gedrängt in den gelblichen, im grellen Berglicht golden wirkenden Grüppchen im Zentrum. Der filzig weiße Überzug der an sich grünen Blätter, die die Anlockfunktion der Blütenblätter erfüllen, schützt vor der starken UV-Strahlung. Sie ist also durchaus etwas Besonderes, die Edelweißblüte, auch wenn die Pflanze selbst

Das Edelweiß zählt zu den bekanntesten Blumen der Alpen. Auf der Nordseite des Gebirges kommt es viel seltener vor als auf der sonnigeren Südseite. Es wächst bis zu 20 Zentimeter hoch und wird von Insekten bestäubt.

nicht zu den »edlen« Pflanzenfamilien zählt. So lebt etwa eine nahe Verwandte als früher sogenanntes Unkraut, jetzt Ackerwildkraut, an feuchten, lehmigen Ackerrändern und Böschungen von Gräben: das Sumpf-Ruhrkraut *(Gnaphalium uliginosum)*. Wären seine Blätter, die direkt unter den gelblichen Blütenköpfchen ansetzen und wie beim Edelweiß Ersatz-Blütenblätter bilden, auch weißfilzig, könnte man es durchaus mit diesem verwechseln. So aber führt es ein ziemlich unbeachtetes Dasein. Bei intensivem Ackerbau verschwindet es nach und nach. Übrigens: Edelweiß im Garten angepflanzt verliert viel vom »edlen Weiß«, das als UV-Schutz hier nicht benötigt wird. Als Gartenpflanze ist es also bei Weitem nicht so attraktiv wie ein Enzian. Das besondere Kleinklima des Hochgebirges lässt sich nicht einmal in einem ansonsten perfekten »Alpinum« ersetzen.

So blau, blau, blau blüht der Enzian ...

Kaum weniger ausgeprägt als das Edelweiß ist »der Enzian« eine Alpenpflanze. Seine große königsblaue Trichterblüte ziert viele touristische Andenken, vom Halstuch bis zum Hosenträger und natürlich auch die Flaschen mit »dem Enzian« als Inhalt. Doch da sitzt er an falscher Stelle. Denn der Enzianschnaps wird nicht aus den Enzianen mit den großen blauen Blüten gebrannt, sondern aus einer Enzianart, die so verschieden von diesen ist, dass man sie ohne botanische Kenntnisse gar nicht für einen Enzian halten

Bis weit ins Vorland hinaus reichen die Vorkommen des Clusius-Enzians. So finden sich seine strahlend blauen Kelche etwa in der Garchinger Heide nördlich von München. Die Pflanze gilt als »der Enzian« schlechthin.

würde. Es ist dies der Gelbe Enzian *(Gentiana lutea).* Genauer seine stärkereichen Wurzeln sind es, die das Rohmaterial für den Enzianschnaps liefern.

Der Gelbe Enzian wächst in brusthohen Stauden auf Bergwiesen der Kalkalpen bis in Höhen von 2500 Metern. Die langen spitzen Blütenblätter sind gelb, die Blüten selbst alles andere als »enzianähnlich«. Zudem kann man den Gelben Enzian mit einer recht ähnlich wachsenden, allerdings giftigen und nicht zu den Enzianen gehörenden Pflanze verwechseln, dem Weißen Germer *(Veratrum album).* Dieser gehört zu den Liliengewächsen, die alle mehr oder weniger giftig sind. Die unpassende, mit dem blauen Enzian allerdings attraktivere Etikettierung des Enzianschnapses bewirkt vielleicht indirekt, dass die echten Schnapsenziane nicht allzu stark »gewildert« werden. Die kleinen Blauen geben dagegen nichts her. Ihr Wurzelwerk ist schwach entwickelt, obwohl die Jungpflanzen Reserven speichern, die sie in die Lage versetzen, nach der Schneeschmelze im nächsten Frühsommer die großen Blüten zu entwickeln.

An der Tatsache, dass eine so kleine Pflanze zwei Jahre braucht, bis sie in der Lage ist zu blühen, lässt sich erkennen, wie begrenzt das Wachstum im Hochgebirge durch die Kürze der Zeit des Bergsommers ist. Viele Alpenpflanzen können im ersten Jahr nach dem Keimen noch nicht blühen. Die dem Marketing geschuldete »Verwechslung« auf dem Schnaps mag man hinnehmen, wenn der Inhalt stimmt und die Bitterstoffe aus der Enzianwurzel die ihnen zugedachte Wirkung im Magen entfalten.

Kleinblütig gelb und großwüchsig, wie man den Gelben Enzian charakterisieren kann, stellt er das eine Ende des Spektrums dar, das die rund 30 verschiedenen Enzianarten der Alpen umfasst. Am anderen stehen winzig kleine, wie der Frühlingsenzian *(Gentianella verna)* und die zwar etwas höher aufwachsenden Arten einer Gruppe, zu denen der rotviolett blühende Deutsche Enzian *(Gentianella germanica)* und auch die im Flachland verbreiteten, rot blühenden Tausendgüldenkräuter der Gattung *Centaurium* gehören. Auch sie lassen sich nicht auf den ersten Blick als Enziane erkennen.

Unverkennbar eindeutig sind dagegen die Enziane mit den großen Trichterblüten. Zwei Arten stellen »die Enziane« unserer alpinen Bergwelt:

Wer es nicht schon weiß, möchte es kaum glauben: Für den Enzian, den berühmten Gebirgsschnaps, wird nicht etwa die schöne blau blühende Blume verwendet, auch wenn sie meist das Etikett ziert. Begehrter Rohstoff dafür sind vielmehr die Wurzeln des Gelben Enzians.

der in den Zentralalpen auf sauren Böden bis in gut 3000 Meter Höhe vorkommende Koch-Enzian *(Gentiana kochiana)* und der einheitlich tief königsblaue Clusius-Enzian *(Gentiana clusii)*. Letzterer wächst auf kalkhaltigen Böden und ist entlang der aus den Nordalpen kommenden Flüsse mancherorts bis weit ins Vorland hinaus zu finden. Berühmt sind die Enzianvorkommen an der Isar südlich von München und sogar noch nördlich davon auf der Garchinger Heide. Am Lech reichen sie bis zur Donau.

»Rosen« in den Alpen

Die Trennung der Arten nach dem Bodentyp, ob sauer mit Urgestein darunter oder kalkhaltig, ist bei vielen Alpenpflanzen, wie schon angemerkt, zu finden. Sie betrifft auch die dritte der drei bezeichnendsten Alpenpflanzen, das Artenpaar der Alpenrosen. Der Almrausch *(Rhododendron hirsutum)* wächst auf kalkhaltigem Untergrund in der Krummholzregion sowie an den Rändern von Felsstürzen und Schutthalden. Die Rostrote Alpenrose *(Rhododendron ferrugineum)* hingegen besetzt die entsprechenden Stellen der Zentralalpen mit sauren Böden. Wer weiß, auf welchem Berg man sich befindet, weiß auch, um welche Alpenrose es sich handelt, die am Höhenpfad so wunderschön blüht.

Auf Kalk wächst häufig das wie eine Miniaturausgabe der Alpenrose wirkende Heideröschen *(Daphne cneorum)*. Es ist ein naher Verwandter des in Auwäldern im Vorland weit verbreiteten

Wenn die Alpenrosen blühen, ist es in den Bergen besonders schön. Diese farbenfrohen Pflanzen gehören zur artenreichen Verwandtschaft der Rhododendren. Vielerorts werden die Alpenrosen auch »Almrausch« genannt.

Seidelbasts *(Daphne mezereum)*, der bereits im Vorfrühling blüht und intensiv duftet. Zusammen mit den großen Clusius-Enzianen und einer weiteren rosa und sehr früh im Jahr blühenden Zwergstrauchart, der Schneeheide *(Erica carnea)*, kommt das Heideröschen in lichten Kiefernwäldern an den Alpenflüssen vor.

An solchen, im unbewirtschafteten Zustand rar gewordenen Wäldern an Lech und Isar erblühen im Frühling stellenweise Weiße Narzissen, wenn die Schneeheide verblüht ist. Zwar könnten sie aus Gärten stammen, weil immer noch und immer wieder Gartenabfälle in die Natur entsorgt werden. Doch eine genauere Betrachtung der wie ein Spielzeug-Windrad geformten Blütenblätter klärt, ob es ein natürliches Vorkommen ist oder die Narzissen »angesalbt« wurden, wie die Pflanzenkundler solche Pflanzen aus Gärten nennen. Die alpine Form der Weißen Narzisse *(Narcissus poeticus radiiflorus)* hat nämlich zum gelben, rot gerandeten und flach ausgebildeten Zentrum hin stark verschmälerte weiße Blütenblätter. Auf manchen Bergwiesen der Westalpen kommt diese Unterart der auch Dichternarzisse genannten Narzisse in so enormen Beständen vor, dass große Flächen voll davon sind und zur Blütezeit ein einzigartiges Naturschauspiel bieten.

Das Heideröschen kommt nicht, wie man meinen möchte, in »der Heide« vor – wie in der Lüneburger zum Beispiel –, sondern in lichten, trockenen Kiefernwäldern in und an den Alpen.

Schon im Herbst bildet die Schneeheide ihre zart rosa Blütenknospen. Im Frühjahr »erröten« diese und öffnen sich oft, wenn noch Schnee liegt. Diese Pflanze gehört damit zu den frühesten Blütenbildnern im Jahr.

Seltene Besonderheiten

Die meisten der besonders schön blühenden Alpenpflanzen fallen weniger auf. Man muss auf sie achten, um sie nicht zu übersehen. Wie etwa die kleinen weißen Sterne des Herzblatts *(Parnassia palustris)*, die mit feinen roten Linien die Blütenbesucher aus der Welt der Insekten zu den Nektartröpfchen in der Blütenmitte leiten. Hummeln, Bienen oder andere Insekten vollziehen die Bestäubung.

Weniger auffällig mit ihren kleinen weißen Blüten ist das Alpenfettkraut *(Pinguicula alpina)*. Seine Besonderheit sind die flachen, sternförmig ausgebreiteten Blätter. Klebrige Drüsen überziehen sie, die aber mit bloßem Auge nicht sichtbar sind. Von den Insekten werden sie auch nicht erkannt. Sie landen, um vermeintliche Tautropfen zu trinken, und bleiben kleben. Das Blatt rollt sich daraufhin ein,

und die Beute wird verdaut. Das Fettkraut, das mit *Pinguicula vulgaris* in tieferen Lagen und im Vorland eine blauviolett blühende, sehr nahe Verwandte hat, gehört zur seltsamen Gruppierung »fleischfressender Pflanzen«, die sich mit dem Fang von Insekten notwendige Stickstoffverbindungen verschaffen, die sehr rar sind, wo sie wachsen.

Manche Blüten erscheinen sehr früh im (Hochgebirgs-)Jahr, nämlich bereits nach der Schneeschmelze, in einigen Fällen sogar schon kurz davor. Dann ragen sie aus dem Schnee und lösen zu Recht Bewunderung aus. Wenn die zarte Soldanelle *(Soldanella alpina)* den Schnee durchbricht, handelt es sich offensichtlich um eine viel fragilere Blüte als etwa bei den Schneeglöckchen. Als Sonderfall illustrieren solche »Schneeblüten« das, was viele Blüten im hochalpinen Bereich auszeichnet: Sie erwärmen sich stark. Innere Vorgänge, die Wärme freisetzen, können das verursachen. Aber meistens hängt es mit den Blütenfarben zusammen. Die intensiv blauen Trichter der typischen Enziane wärmen sich durch die Strahlungsintensität der Sonne auf. Man kann ihnen am Vormittag zusehen, wie sie sich öffnen, wenn sie das volle Sonnenlicht trifft, und sie sich diesem entgegenrecken. In der Blüte kann es mehrere Grad Celsius wärmer sein als außen in der unmittelbaren Umgebung und beträchtlich wärmer als die Luft. Manche Insekten, Hummeln zum Beispiel,

Alpenblumen am Passo Rolle. Viele Blüten, die wir in den Alpen antreffen, zeichnen sich durch eine besondere Intensität ihrer Farben aus. Die Farben schützen vor zu starker UV-Strahlung und locken Insekten an.

nutzen diese warmen Blüten und wärmen sich selbst darin auf, oder sie schützen sich darin vor einem plötzlichen Schauer. Die Alpenblumen kommen uns daher nicht allein wegen der dünneren Bergluft, die alles kräftiger leuchten lässt, farbstärker vor. Manche sind das tatsächlich, denn die Farbe wirkt aufwärmend – und das ist in der Kälte der Höhenlagen ein erheblicher Vorteil.

Dennoch gibt es eine heftige Gegenwirkung zur Sonne: den Wind. Er weht im Hochgebirge viel stärker als in den Tälern. Nur an den sturmumtosten Meeresküsten herrschen ähnlich windige Verhältnisse. Dort gibt es dann ganz ähnlich krumme Wuchsformen bei Bäumen mit in der Hauptwindrichtung verschobenen Kronen.

Windwüchsigkeit fällt uns in den Bergen an den »Wetterfichten« auf. Reaktionen auf starken Wind finden aber ungleich stärker ausgeprägt direkt in Bodennähe statt. Dort bilden Pflanzen unterschiedlichster Verwandtschaft Polster, die dem Wind keine Angriffsflächen bieten. Ihre Blüten ragen kaum heraus, sodass die Polster in Vollblüte wunderschön betupft aussehen. Zum Beispiel bei manchen Mannsschild-Arten oder bei Steinbrechen. Auf windumtosten Felsbändern, die dem Wind Angriffsmöglichkeiten bieten, könnten sich Pflanzen dagegen nicht halten. Windwüchsigkeit ist daher ein bezeichnendes Merkmal viele kleiner Alpenpflanzen.

Ergreifend schöne Alpennatur

Sind Bergwiesen durch Kessellage gut geschützt und hat sich darin durch die hangseitigen Verwitterungen ein reichhaltiger, tiefgründiger Boden gebildet, wachsen manche Bergblumen umso eindrucksvoller und schöner. Trollblumen *(Trollius europaeus)*, große und großblütige Verwandte des allgemein bekannten Hahnenfußes, überziehen sie im Frühjahr mit ihrer aus kleinen goldgelben Fäustchen bestehenden Blütenpracht. Zum Sommer hin entfalten Doldengewächse ihre Blütenteller. Insekten unterschiedlichster Arten besuchen diese, wie die Bergwanderer die Gaststätten der Berghütten, dicht an dicht. Auch die als Arznei geschätzte Arnika *(Arnica montana)*, ein entfernter Verwandter des Löwenzahns, blüht auf solchen Wiesen in mittlerer oder geringerer Höhenlage. Dort mischen sich viele Arten mit in die Flora, deren Hauptverbreitung außerhalb der Bergwelt liegt.

Insgesamt ergibt sich, dass im Alpenraum fast 40 Prozent aller Pflanzenarten Europas vorkommen. Diese Vielfalt macht die Alpen so besonders, zumal sie umrahmt ist von Szenerien, deren Schönheit die allermeisten Menschen ergreift. Die Alpenrosenblüte, das Erglühen der Felswände im Morgen- oder Abendrot, der goldene Herbst, wenn die Lärchen im Bergwald gelb werden, ihre Nadeln abwerfen und das Laub des Ahorns sich verfärbt, gehören zu den landschaftlichen Höhepunkten. Die markanten Baumgestalten der Arven *(Pinus cembra)* mit den großen Zapfen, in denen die Zirbelnüsse stecken, gehören aber genauso dazu. Der schön gefleckte Tannenhäher *(Nucifraga caryocatactes)* sammelt und versteckt die Nüsse als Wintervorrat – und pflanzt damit unbeabsichtigt neue Arven.

Im Winter ragen die Felswände und Gipfel aus dem Schnee, erglänzen im Licht, das sie bei niedrig stehender Sonne noch trifft, wenn unten in Tal und Vorland längst alles von Wolken verdüstert ist. Im Frühling kontrastiert frisches Grün mit dem schmelzenden Schnee, rauschen die Wildbäche, und Föhn beschert dem bayerischen Alpenrand Kaiserwetter. Sie ist schön, wunderschön, die Alpennatur!

<< Ein besonderes Nebeneinander von »hart« und »zart«: Das Edelweiß schützt ein filziger Belag der Blätter, die den »Stern« um die eigentlichen goldgelben Blüten im Zentrum bilden. Dagegen profitiert die nur kurz aufgehende Blüte der Glockenblumen von keinerlei Wind- und Frostschutz.

Steinbrech ist eine treffende Bezeichnung für eine große Zahl eng verwandter Arten, die in den Alpen und anderen Hochgebirgen auf kargem Fels vorkommen. Ihre genaue Bestimmung ist etwas für Botaniker, doch bewundernswert sind sie allemal. Hier präsentiert sich ein Fetthennen-Steinbrech in leuchtendem Gelb.

Mehr als halbmeterlange Blütenstände, besetzt mit den typischen Kelchen tiefblauer Enzianblüten, machen den Schwalbenwurzenzian *(Gentiana asclepiadea)* unverkennbar. Der Name bezieht sich auf die an die Schwalbenwurz erinnernden Blätter. Diese Enzianart blüht erstaunlich spät im Jahr, stets erst nach dem Hochsommer. Im nördlichen randalpinen Bereich ist dies die Zeit von Mitte August bis in den September hinein.

Drei Eigenschaften finden wir bei den Alpenblumen meist sehr ausgeprägt: die Leuchtkraft der Farben, den polsterförmigen Wuchs im Schutz von Felsblöcken und ihre Widerstandskraft gegen die Unbilden des Wetters, das innerhalb

eines Tages von brennend heißem Hochsommer zu Winter mit Schnee umschlagen kann. Links: Arnika, Hauswurz und Alpenglöckchen; Mitte Clusius-Enzian; rechts: Scheuzer Glockenblume, Alpenleinkraut und Alpenveilchen.

DIE ALPENNATUR –
GEGENWART
UND ZUKUNFT

EINFLÜSSE ALTER ZEITEN

Gletscher und Seen – Relikte der Eiszeit

Die Berge mit ihrer Größe und Erhabenheit, die wir bei ihrem Anblick empfinden, erwecken das Gefühl der Beständigkeit. Sie sind zeitlos für uns, die wir mit der kurzen Zeitspanne eines Menschenlebens zurechtkommen müssen. Mancher Baum, an dem wir im Bergwald vorbeigehen, ist ein Mehrfaches älter als wir. Dennoch nagt der Zahn der Zeit auch an den gewaltigsten Bergen. Doch es sind andere Zeitmaße, weit jenseits unserer menschlichen. Daher fällt es schwer, sich zu vergegenwärtigen, dass das, was wir sehen, erdgeschichtlich (sehr) jung ist. Vor »nur« 20 000 Jahren bedeckten dicke Eispanzer einen Großteil der westlichen und zentralen Alpen. Nur nach Osten zu, wo gegenwärtig Wien liegt, dünnten sie aus oder fehlten ganz.

Die Gletscher waren so mächtig, dass sie ins Vorland hinausflossen. Unmerklich langsam für die Menschen, die in jener Zeit jagend und sammelnd an ihren Rändern entlanggekommen sein könnten. Doch was von Jahr zu Jahr langsam, aber stetig vonstattengeht, legt in Jahrhunderten und Jahrtausenden große Strecken zurück. Am Alpennordrand drangen die Gletscher bis südlich von München vor. Die beiden größten hinterließen nach ihrem Abschmelzen am Ende der (letzten) Eiszeit zwei sehr große Seen. Einer davon existiert noch, der Bodensee, gebildet vom Rhein-Gletscher. Der andere, der Rosenheimer See, ist in den letzten 10 000 Jahren verschwunden und zu einem großen Moor geworden. Dieses durchquert der Inn, der wasserreichste Alpenfluss. Mit seinen Wassermassen, die sehr viel Gletscherabrieb führten, und mit seiner starken Strömung, die Geschiebe aus den Bergen ins Rosenheimer Becken verfrachtete, hatte er diesen nacheiszeitlichen See aufgefüllt. Allen Seen in den Alpen und an ihren Rändern ergeht es so: Nach und nach werden sie aufgefüllt und verlanden.

Wasser mit einschneidenden Kräften

Die Abtragung der Alpen, die Erosion, schreitet unaufhaltsam voran, ob wir die Flüsse begradigen, verbauen oder ableiten. Unsere Eingriffe in das Naturgeschehen werden im Zeitmaß der Erdgeschichte kaum zu erkennen sein. Blicken wir auf so wunderschöne Gewässer wie Gardasee, Lago Maggiore, Genfer See oder Königssee, sehen wir einen Momentanzustand, der nicht von Dauer ist. Die allermeisten Alpenseen schuf die Eiszeit. Sie sind damit jung, verglichen mit Flüssen wie Donau, Rhein oder Po, die es bereits seit Jahrmillionen gibt.

Beklemmend kann der Gang durch eine Klamm werden. Und gefährlich, wenn sie plötzlich Hochwasser führt. In den nördlichen Kalkalpen haben sich Bäche vielfach tief in den Fels eingeschnitten und bieten Naturschauspiele der ganz besonderen Art.

Die Gletscher, hier am Königsspitz in Sulden, Südtirol, schrumpfen global. Am auffälligsten ist ihr Schwinden jedoch dort, wo sie im Vergleich zu früheren Zeiten nur noch als kleine Reste zurückgeblieben sind.

Oft wechselten sie ihren Lauf, führten weniger oder mehr Wasser und erhielten neue Zuflüsse. Ihre Geschichte nachzuzeichnen würde lange Texte ergeben. Neue Forschungen ergänzen und klären manch Ungewöhnliches, etwa wann und wie der Rhein die Donau anzapfte und ihr im Oberlauf viel Wasser nahm.

Besonders spannend dürften die in unserer Zeit möglich gewordenen Simulationen zu früheren Hochwassern werden. Denn beim massiven Abschmelzen der Alpengletscher am Ende der letzten Eiszeit ergossen sich Fluten von kaum vorstellbarer Größe und Gewalt durch die Täler und gaben ihnen im Wesentlichen ihr gegenwärtiges Aussehen. An der Weite der Täler und der Tiefe ihrer Einschnitte lässt sich zumindest erahnen, um welche Fluten es sich gehandelt haben muss. Je mehr die Gletscher schmolzen, desto weniger heftig fielen die Hochwasser aus. Gegenwärtig bestimmen nicht mehr die Mengen des Gletscherwassers, sondern die jeweils aktuellen Niederschläge die Größe der Flut, die Hochwasser verursacht. Auch historische Fluten, seit einem halben Jahrhundert und mehr an zahlreichen Gebäuden entlang der Flüsse verzeichnet, zeigen, dass früher die Hochwasser stärker als in unserer Zeit gewesen sind. Seit sie die Alpen besiedelten, waren die Menschen den Hochwassern ausgesetzt – und Lawinen und Bergstürzen noch dazu.

Das Leben im Gebirge war immer riskant. Aber es lohnte dank der im Regelfall der Jahre und Jahrzehnte günstigen Verhältnisse. In den Alpen gibt es für die Landwirtschaft weit weniger Probleme mit Dürre oder Tierseuchen als draußen »auf dem Land«. Nirgends war und ist es großflächig einförmig. Das Wasser der Bergbäche ist frisch, und es war kaum jemals mit Krankheitskeimen belastet. »Sommerfrische« charakterisierte sehr gut das Besondere der Bergnatur für die »Städter« aus dem Tiefland.

Zu viele Wege führen in die Berge

Doch die Alpen waren gleichzeitig auch eine Barriere. Sie sind es an nicht wenigen Tagen im Jahr immer noch, wenn Massenverkehr anbrandet. Dass Berge durchstochen wurden, um Straßen- und Bahntunnel hindurchzuführen, brachte Erleichterung und noch mehr Verkehr. Die Zeit, in der Alpenüberquerungen zu Fuß, zu Pferde oder mit der Postkutsche gemacht werden mussten, um in das Land im Sinne von Goethe zu kommen, »wo die Zitronen blühen«, ist vorbei. Die heutigen Verkehrsmittel ermöglichen Massenüberquerungen in wenigen Stunden. Der davon ausgehende Druck geht an den Alpen nicht spurlos vorüber, mögen die Berge auch für »die Ewigkeit gemacht« erscheinen. Menschen und Fahrzeuge überfluten die Alpen heute in nie auch nur annähernd gegebenen Mengen. Die Zeit, als vor knapp 2000 Jahren römische Legionen und Händler über die Pässe zogen, würde gegenüber den heutigen Verhältnissen wie ein Historienspiel wirken.

Schneebrett- und Lawinenabgänge fordern jeden Winter Todesopfer. Bedrohungen wie diese gehören zur Natur des Hochgebirges und betreffen von jeher Mensch und Tier gleichermaßen.

<< **Blauer Himmel** mit weißen Wölkchen, weite Matten, die im Sommer voller Blumen stehen, kristallklare Miniaturseen, in denen sich Wolken und Berge spiegeln, schlanke Bergfichten – all diese Details am Passo Rolle fügen sich zusammen zu einer großartigen Szenerie, die Ehrfurcht erregt.

Es sind nicht nur die spektakulären Anblicke, die zahllose Menschen in die Berge locken, sondern auch die kleineren, romantischen Entdeckungen. Wer könnte sich dem Reiz dieses Wasserfalls entziehen?

Beispielhaft für den Alpensüdrand eröffnet der Blick über den Gardasee den blauen Horizont in den mediterranen Raum. Es ist eine Geschmacksfrage, ob die Sonnenseite der Alpen bevorzugt wird oder die viel rauere, nordwärts ausblickende, wo viel öfter als im Süden Wolkenmassen an die Bergmassive anbranden.

Großglockner, Pasterze und Gletschersee – die wie eine Mondlandschaft wirkende Weitung zum See hin vermittelt zumindest eine Ahnung, welche Größe der Gletscher am Großglockner, Österreichs höchstem Berg, bis in die jüngere Vergangenheit noch gehabt hat. In wenigen Jahrzehnten vielleicht schon gibt es die Pasterze, so der Name des Gletschers, nicht mehr.

BERGWELT UNTER DRUCK

Tourismus, Klimawandel und die Zukunft der Alpen

Halten die Berge der Menschenflut stand? Diese Frage ist berechtigt. Wer »früher« mit »heute« vergleicht, wird zwangsläufig zum Schluss kommen, so wie in den letzten 50 Jahren kann und darf es nicht weitergehen. Die Menschenflut ist zu groß geworden, die Fahrzeuge, mit denen sie die Berge heimsucht, sind viel zu viele. Auf die Jahre der Corona-Pandemie mit ihren Beschränkungen der Bewegungsfreiheit folgte ein Ansturm, wie es ihn noch nie gegeben hatte. An den Bergseen und den Talstationen der Bergbahnen gab es keine freien Parkplätze mehr. Die Wege zu den Gipfeln glichen religiösen Prozessionen. Unmut erfasste die Kommunen, die an sich vom Tourismus leben. Müssen die Alpen kontingentiert werden? Ist es bald vorbei mit ihrer freien Zugänglichkeit? Befürchtungen dieser Art machen die Runde. Formal ausgedrückt: Sind die Grenzen der Kapazität erreicht oder gar bereits überschritten? Darüber wird diskutiert, und dazu wird es noch viel Dissens geben.

Werfen wir daher einen kurzen Blick auf den Hintergrund. In diesem geht es darum, sich zu vergegenwärtigen, wie solche Befürchtungen zustandekommen. Denn klar ist, dass für die Dimension der Berge die Menschen kaum etwas anderes als Ameisen sind und auch immer bleiben werden. Aber anders als Ameisen entwickeln wir Menschen Bilder, »Weltbilder« und Erwartungen, wie das aussehen sollte, was wir aufsuchen wollen – sei es zum Wandern, zum Bergsteigen oder zum Wintersport. Unbewusst orientieren wir uns dabei an den ersten Eindrücken, zumal wenn diese mit schönen Erlebnissen verbunden waren. Dabei wird so etwas wie ein Bild geprägt. Mit diesem wird beim nächsten Besuch und bei allen weiteren verglichen. Erweitern diese die Palette der Erlebnisse, steigt die Begeisterung. Kommt es zu Beeinträchtigungen, werden diese als »Bildstörung« empfunden und zur emotionalen Belastung.

Wer die Alpen aus der Zeit vor oder um die Mitte des 20. Jahrhunderts kennengelernt hat, wird geschockt sein von den jetzigen Verhältnissen. Wo sind Ruhe und Abgeschiedenheit, gemütliche Rast auf einsamer Berghütte und bequeme Anfahrt zum Ausgangspunkt der Tour am Berg hingekommen? Wer nicht vor 70, sondern vor 20 Jahren erstmals in die Alpen kam, erhielt eine gänzlich andere Prägung. Die Bezugsbasis hat sich um ein halbes Jahrhundert verschoben. Je weniger lang die »Erstbekanntschaft« zurückliegt, desto normaler fällt die folgende Erfahrung aus. So verschiebt sich die Basis der Beurteilung von Generation zu Generation und von Jahr zu Jahr.

Machtlos klein bestaunt die Wanderin die eindrucksvollen Gesteinsmassen, die sich zu bizarren Bergstöcken auftürmen. Doch ähnlich wie jeder Tropfen Wasser zählt auch jeder Fußtritt im Gebirge.

Die gegenwärtig Jungen können sich eine Zeit ohne Mountainbikes schwer vorstellen; viele möchten dies auch nicht. Noch schwerer fällt es, ein völliges Fehlen von Bergbahnen sowie von Hubschraubern zur Rettung zu imaginieren. Dementsprechend sind alle Vorstellungen, wie etwas sein oder bleiben soll, zeitbedingt und somit nicht objektiv. Müssen Konzepte zur Steuerung oder Begrenzung des Tourismus daher zwangsläufig als vorgefasste Meinungen angesehen werden? Meistens scheitern sie an der normativen Kraft des Faktischen. Nicht unbedingt, wenngleich eine objektive Gegenposition auch viel Kritik erfahren wird oder ihr die mehrheits- und wirtschaftsdominierte Ablehnung droht.

Unser Buch möchte subtile Hinweise auf Lösungen vermitteln, die möglich erscheinen, vielleicht auch realisiert werden können. Wenn wir von der Schönheit und dem Erlebniswert ausgehen, sind es die Alpen doch allemal wert, so geschützt zu werden, dass uns dies erhalten bleibt – auch für nachfolgende Generationen. Das ist der eine Teil, der aus den Bildern sprechen kann. Der andere steckt in der Natur selbst, in den Tieren, Pflanzen und ihren Biotopen, den Orten, an denen sie leben. Sie haben objektive Ansprüche, wie etwa die Auer- und Birkhühner. Diese gehen zugrunde, wenn die Störungen durch den Wintersport zu groß und zu umfassend werden, weil sie zu viel Energie in der für

Was ist »besser« im Sinne von naturverträglicher: die Menschenmassen bergwärts per Lift zu transortieren, oder sie zu Fuß aufsteigen zu lassen? Antworten sind schwierig, Bevorzugungen jedoch klar!

Eine Klettergruppe in der Steilwand. Dem Klettersport müssen im Gebirge auch Grenzen gesetzt werden, wie das in Städten selbstverständlich ist. Niemand darf einfach den Kölner Dom besteigen, weil's danach gelüstet.

das Überleben kritischen Zeit kosten. Das Gleiche gilt für Steinadler, Wanderfalken und andere Vögel, die von einem ausufernden Klettersport bedroht sind. Wenige für Kletterer gesperrte Felspartien wirken sich sehr positiv auf die gefährdeten Vögel aus, da diese nun ungestört ihre Jungen großziehen können – sehr zur Freude vieler Naturfreunde. Dass die Wanderfalken in den Großstädten leben können, zeigt doch, dass es lediglich um den Schutz ihrer Niststätten vor Störungen geht und nicht um ein großflächiges Aussperren von Menschen. Bleiben die Touristen auf den ausgewiesenen Pfaden, lassen sich Schäden verhindern, die bei freiem Ausschweifen entstehen würden. In Stadtparks verhält man sich so. Warum sollte dies nicht auch im Gebirge möglich sein? Und so gäbe es noch viele weitere gute Lösungen. Wenn wir sie annehmen, werden nicht nur die Berge selbst als unbezwingbare Kolosse bestehen, sondern auch die mit ihnen verbundene, so vielfältige und so einzigartige Schönheit.

Und dann noch der Klimawandel!

Aber reicht denn Wohlverhalten für das Bewahren der Bergwelt? Was wird der in Gang gekommene Klimawandel aus ihr machen? Die Szenarien, die anhand von Modellrechnungen entwickelt, und die Befunde, die am Berg erzielt werden, stimmen nicht gerade hoffnungsvoll. Die Gletscher schmelzen. Das steht längst außer Frage. Mit Mangel an Schnee, insbesondere in der Hochsaison um Weihnachten, wird

sich der Skitourismus auseinandersetzen müssen. Wird er in wenigen Jahren nur noch auf Kunstschneepisten möglich sein? Und können wir es uns bei der knapp und teuer werdenden Energie leisten, weiterhin und sogar verstärkt Kunstschnee zu erzeugen? Geht auch Gletscherskifahren bald nicht mehr, weil die Gletscher schmelzen und verschwinden? Wie steht es um die Zukunft der Almwirtschaft? Brauchen wir sie und soll sie mit Subventionen weiterhin aufrechterhalten werden? Oder ist es ein Gebot der Zeit, die Almen zuwachsen zu lassen vom sich bergwärts ausbreitenden Wald? Sollen Bär und Wolf überall in den Alpen wieder leben dürfen? Und was ist mit den Spezialisten unter den Pflanzen und Tieren, die durch die zunehmende Erwärmung des Klimas gipfelwärts gedrängt werden, wo der Lebensraum knapper und knapper wird? Umgekehrt gefragt: Ist es überhaupt realistisch, einen bestimmten Zustand der alpinen Bergwelt, wie er vor vielleicht einem halben Jahrhundert gegeben war, festhalten zu wollen?

Alles fließt

Die Bergwelt hat sich unter dem Einfluss der großen Klimaänderungen immer wieder verändert. Der Zustand, den wir kennen, entstand aus der sogenannten Kleinen Eiszeit zwischen dem 13. und 18. Jahrhundert. Schon im 19. Jahrhundert setzte der Rückgang der alpinen Gletscher ein. Gegenwärtig verläuft er so schnell wie wohl noch nie zuvor.

Ist der Schnee tief genug, verschwinden die Spuren von Skitourengehern mit seiner Schmelze. Bei zu flacher Bedeckung beeinträchtigt das intensive Befahren der Hänge sowohl die Pflanzen als auch die Bodenkrume.

Welche Folgen hat dies für die Wasserführung der Alpenflüsse und damit für die Wasserversorgung in großen Teilen Europas, letztlich nahezu global? Zur Jahreswasserführung steuerten die Gletscher nur wenige Prozent im letzten Vierteljahrhundert bei. Ihr Anteil fiel geringer aus als die jährlichen Niederschlagsschwankungen. Das Wasser wird den größeren und großen Alpenflüssen also nicht ausgehen. Aber es kann zu stärkeren Schwankungen kommen, je nachdem, wie sich die Niederschläge verteilen. Einen von Natur aus »richtigen« Zustand gibt es nicht. Viele verschiedene Zustände sind möglich.

Unsere Ansprüche an das Wasser aus den Alpen hängen mit Bedürfnissen zusammen. Sie sind nicht naturgegeben. »Alles fließt« gilt nirgends so sehr wie bei den Flüssen, und »in Fluss bleiben« wird die Natur, ob wir es wollen oder nicht. Gesetzt den Fall, wir wüssten sicher, welcher Zustand der richtige ist, er ließe sich auf Dauer nicht halten. Deshalb wird manche Wunschvorstellung an der Unbeständigkeit der Natur scheitern. Was also können wir tun, wenn es überhaupt möglich ist, etwas zu tun?

Wahrscheinlich sind Behutsamkeit und Umsicht das beste Mittel. Es geht um die nahe Zukunft der Bergwelt, die unsere Kinder und Kindeskinder erleben werden. Diese können wir (noch) mitgestalten. Für kommende Jahrtausende oder Zehntausende Jahre geht das nicht. Der Klimawandel wird vieles verändern. Darauf im Rahmen des Möglichen vorbereitet zu sein ist die Herausforderung unserer Zeit. Das erfordert Gemeinschaftssinn. Konfrontationen, die auf Verzögerungen, auf sogenannten Zeitgewinn, ausgerichtet sind, helfen wenig. Die Alpen sind uns Verpflichtung und Aufgabe. Wunschbilder für Zeiten jenseits unseres Horizonts taugen nicht für ihre Erhaltung in möglichst voller Schönheit.

Literaturhinweise

Bücher über die Alpen füllen Bibliotheken. Daher fällt jede Auswahl zwangsläufig sehr persönlich aus. Da dieses Buch für die Alpennatur begeistern soll, verzichten wir auf eine ausführlichere Auflistung von Fachliteratur. Gute Bestimmungsbücher lassen sich im Internet auffinden. Die nachfolgenden Werke bieten die Möglichkeit zur Vertiefung. Das beste aktuelle Alpenbuch ist das von Armin Landmann.

Bätzig, A. W.: **Die Alpen – Geschichte und Zukunft einer europäischen Kulturlandschaft.** München 2015.

Engel, Fritz-Martin: **Die Pflanzenwelt der Alpen.** Kettwig, München 1987.

Jung, Walter W. (Hrsg.): **Naturerlebnis Alpen.** Jubiläumsfestschrift des Deutschen Alpenvereins, München 1998.

Landmann, Armin: **Die Natur der Alpen.** Stuttgart 2021.

Reisigl, Herbert & Richard Keller: **Alpenpflanzen im Lebensraum.** Stuttgart, New York 1987.

Reisigl, Herbert & Richard Keller: **Lebensraum Bergwald.** Stuttgart, New York 1989.

Winding, Norbert et al.: **Die Alpen.** Graz, Wien 2000.

Über den Autor

Prof. Dr. Josef H. Reichholf gilt als einer der renommiertesten deutschen Naturwissenschaftler. Bis 2010 leitete er die Wirbeltierabteilung der Zoologischen Staatssammlung München. Neben seiner Lehrtätigkeit an der Technischen Universität München und der Ludwig-Maximilians-Universität München war er lange im nationalen und internationalen Naturschutz tätig. Seine zahlreichen Sachbücher zu Naturschutz, Ökologie und Evolution wurden Best- und Longseller und erschienen in insgesamt 16 Sprachen. Der Autor ist Träger der Treviranus-Medaille, der höchsten Auszeichnung der deutschen Biologen, und des Grüter-Preises für Wissenschaftsvermittlung. 2007 wurde er zudem mit dem Sigmund-Freud-Preis für wissenschaftliche Prosa der Deutschen Akademie für Sprache und Dichtung ausgezeichnet.

Dank

Zu danken habe ich vielen Menschen, nicht nur jenen, die mich schon während meines Studiums an der Universität München in die Natur der alpinen Bergwelt eingeführt haben. Der größte Dank gebührt meiner Frau Miki Sakamoto-Reichholf. Dōmō arigatō! Besonders freut mich, dass meine frühere Mitarbeiterin Gerdi Killer sich des Buches annahm und es in die druckfertige Form brachte.

Über den Fotografen

Heinz Schmidbauer, 1943 geboren, machte seine große Leidenschaft, das Filmen von Tieren, zum Beruf. Er verfasste zahlreiche Fernsehbeiträge und war als Filmemacher von Heinz Sielmann für den NDR tätig, bevor er sich der Naturfotografie zuwandte. Bei Frederking & Thaler sind seine Bildbände »Ein Garten voller Vögel« und gemeinsam mit Josef H. Reichholf »Unsere einzigartige Insektenwelt« erschienen. (www.photoartschmidbauer.de)

Dank

Ein besonderer Dank gebührt meiner Frau und Partnerin Renate. Mit großer Leidenschaft sorgt mein Spatz dafür, immer ein Quartier in optimaler Lage zu finden, um auch fotografisch erfolgreich tätig sein zu können. Nicht zu unterschätzen ist ihre Hilfe vor Ort, wenn es darum geht, mit Adleraugen nach allem, was da kreucht und fleucht, Ausschau zu halten und kein fotogenes Blümchen zu übersehen. Es bleibt zu hoffen, dass dieser Bildband ein wenig dazu beiträgt, die Natur der Alpen mit anderen Augen zu betrachten und zu beschützen. Es darf nicht sein, dass durch den klimabedingten Rückgang der Einnahmen aus dem Wintertourismus dieses einmalige Naturwunder nach und nach zu einem gigantischen Sport- und Freizeitpark umfunktioniert wird.

Impressum

Verantwortlich: Susanne Then
Redaktion, Layout und Satz: Gerdi Killer, booklab GmbH, München
Korrektorat: Christiane Gsänger
Umschlaggestaltung: Mathias Frisch
Repro: LUDWIG: media
Herstellung: Bettina Schippel
Printed in Turkey by Elma Basim

★★★★★

Sind Sie mit diesem Titel zufrieden? Dann würden wir uns über Ihre Weiterempfehlung freuen. Erzählen Sie es im Freundeskreis, berichten Sie Ihrem Buchhändler, oder bewerten Sie bei Onlinekauf. Und wenn Sie Kritik, Korrekturen, Aktualisierungen haben, freuen wir uns über Ihre Nachricht an Frederking & Thaler Verlag, Postfach 40 02 09, D-80702 München oder per E-Mail an lektorat@verlagshaus.de.

Unser komplettes Programm finden Sie unter

www.frederking-thaler.de

Die Deutsche Nationalbibliothek verzeichnet diese Publikation in der Deutschen Nationalbibliografie; detaillierte bibliografische Daten sind im Internet über http://dnb.d-nb.de abrufbar.

In diesem Buch wird aus Gründen der besseren Lesbarkeit das generische Maskulinum verwendet. Weibliche und andere Geschlechteridentitäten werden dabei ausdrücklich mitgemeint, soweit es für die Aussage erforderlich ist.

Bildnachweis:
Alle Bilder auf dem Umschlag und im Innenteil stammen von Heinz Schmidbauer, Neufinsing, außer:
Josef H. Reichholf: S. 37 unten, 42 Reihe links, 43 Reihe rechts

Umschlagvorderseite: Steinbock vor den Felsnadeln der Brenta-Gruppe, Trentiner Dolomiten; S. 1: Edelweiß; S. 2–3: Monte Pelmo, Dolomiten; S. 4–5: Seceda, Dolomiten; S. 6–7: Yaks vor dem Ortlermassiv; S. 8–9: Herbst im Ahornboden, Tirol; S. 14–15: Krimmler Wasserfälle, Hohe Tauern; S. 62–63: Wölfe; S. 104–105: Sextener Dreizinnen, Dolomiten; S. 184–185: Karer See vor dem Latemar; S. 202–203: Blick vom Monte Cristallo, Dolomiten; S. 204–205: Vollmond über dem Gletschergebiet Sulden; 206: Zirbe; Umschlagrückseite: Sextener Dolomiten (oben); Bartgeier mit Kopfschmuck; Zirbe; Gämskitze tollen über die Wiese (unten).

ISBN 978-3-95416-388-5